Physik in leicht

© 2024 Dipl.-Ing. Matthias Badelt

Physik in leicht

Abitur und Studium

Band 3
Elektrizitätslehre

Erste Auflage

Bibliografische Information der Deutschen Nationalbibliothek: Die Deutsche Nationalbibliothek verzeichnet diese Publikation in der Deutschen Nationalbibliografie; detaillierte bibliografische Daten sind im Internet über dnb.dnb.de abrufbar.

Bibliographic information of the German National Library: The German National Library lists this publication in the German National Bibliography; detailed bibliographic data are available on the Internet at dnb.dnb.de.

Matthias Badelt
Auf dem Rott 31
59069 Hamm
nachhilfe-rhynern.de

Verlag:
BoD • Books on Demand GmbH, In de Tarpen 42, 22848 Norderstedt
Druck:
Libri Plureos GmbH, Friedensallee 273, 22763 Hamburg

ISBN: 978-3-7597-7498-9

Die Liste zeigt Bücher, die zukünftig erscheinen sollen.

√ = Inhaltlich fertige Version aus Tafelfotos, Bildern, handschriftlichen Formeln und ergänzendem Text
(Datum) = Die graphische Überarbeitung ist beendet und das Buch wurde veröffentlicht.

<table>
<tr><td valign="top" width="50%">

Mathematik in leicht

Band 1 - Arithmetik und Zahlen

Band 2a - Algebra √

Band 2b - Lineare Algebra

Band 3a - Analysis: Funktionen mit einer Variablen √

Band 3b - Analysis: Funktionsscharen, Funktionen mit mehreren Unabhängigen, Vektoranalysis

Band 3c - Analysis: Modellieren, Transformieren, Interpolieren

Band 3d - Analysis: Wirtschaftsmathematik

Band 4   - Geometrie und Vektoralgebra √

Band 5a - Beschreibende Statistik √

Band 5b - Beurteilende Statistik

Band 6   - Differentialgleichungen

Band 7a - Folgen, Reihen, Beweisverfahren

Band 7b - Finanzmathematik √

Band 7c - Numerik

</td><td valign="top" width="50%">

Physik in leicht

Band 1 - Statik und Hydrostatik √

Band 2 - Kinematik, Dynamik und Energie (2022-09)

Band 3 - Elektrizitätslehre (2024-10)

Band 4 - Schwingungen, Wellen und Optik

Band 5 - Thermodynamik

Band 6 - Mathematik in Physikal. Anwendungen

Band 7 - Atomphysik

Band 8 - Relativitätstheorie und Astronomie

Maschinenbau in leicht

Band 1: Technische Mechanik für Techniker und Ingenieure √

</td></tr>
</table>

Inhaltsverzeichnis

1 Formelzeichen und Einheiten

voltage	die Spannung	specific resistance	der spezifische Widerstand
current	der Strom	capacitive resistance	der kapazitive Widerstand
power	die Leistung	inductive resistance	der induktive Widerstand
magnetic field strength	die magnetische Feldstärke	impedance	die Impedanz
magnetic flux density	die magnetische Flussdichte	phase angel	der Phasenwinkel
inductance	die Induktivität	coulombic force	die Coulombkraft (elektrische Kraft)
		magnetic force (Lorentz force)	die magnetische Kraft

Die Tabelle zeigt eine Übersicht der wichtigsten Formelzeichen, die in Band 3 (Elektrizitätslehre) vorkommen werden:

Benennung	Formel-zeichen	Einheit	Benennung	Formel-zeichen	Einheit
Stromkreise			**Stromkreise**		
Spannung Potential	U φ	V (Volt)	Widerstand	R	Ω (Ohm)
Strom	$I = \mathfrak{J}$ Das große Schreibschrift I verhindert Verwechslungen mit dem kleinen l bzw. der römischen Zahl I.	A (Ampere)	spezifischer Widerstand	ρ	$\Omega \cdot mm^2/m$
Leistung	P	W (Watt) =VA	Impedanz	Z	Ω (Ohm)
Energie oder Arbeit	E oder W	J (Joule) =Ws oder eV (Elektronenvolt)	kapazitiver Widerstand	R_C	Ω (Ohm)
			induktiver Widerstand	R_L	Ω (Ohm)
			Phasenwinkel	φ	Grad oder Radiant
elektrisches Feld			**magnetisches Feld**		
elektrische Feldstärke	E	V/m (Volt pro Meter)	magnetische Feldstärke	H	A/m
			magnetische Flussdichte	B	T (Tesla) =Vs/m^2
			magnetischer Fluss	Φ	Wb (Weber) =Tm^2 =Vs
Kapazität	C	F (Farad) =C/V (Coulomb pro Volt)	Induktivität	L	H (Henry) =Vs/A
Energie oder Arbeit	E oder W	J (Joule) =Ws oder eV (Elektronenvolt)	Energie oder Arbeit	E oder W	J (Joule) =Ws oder eV (Elektronenvolt)
Ladung	Q	C (Coulomb) =As			
elektrische Kraft	F_{el}	N (Newton)	magnetische Kraft =Lorentzkraft	F_L	N (Newton)

Tabelle 1.1: Formelzeichen und Einheiten

2 Der Stromkreis

2.1 Strom, Spannung und Widerstand

2.1.1 🎓 Begriffe

water circuit	der Wasserkreislauf	bottle neck	die Engstelle
electric circuit	der Stromkreis	throttle	die Drossel
pipe	das Rohr	resistance	der Widerstand (die Eigenschaft)
electric conductor	der (elektrische) Leiter	resistor	der Widerstand (das Bauteil)
pressure	der Druck	water flow, volume flow	der Wasserstrom, der Volumenstrom
voltage	die (elektrische) Spannung	(electric) current	der (elektrische) Strom

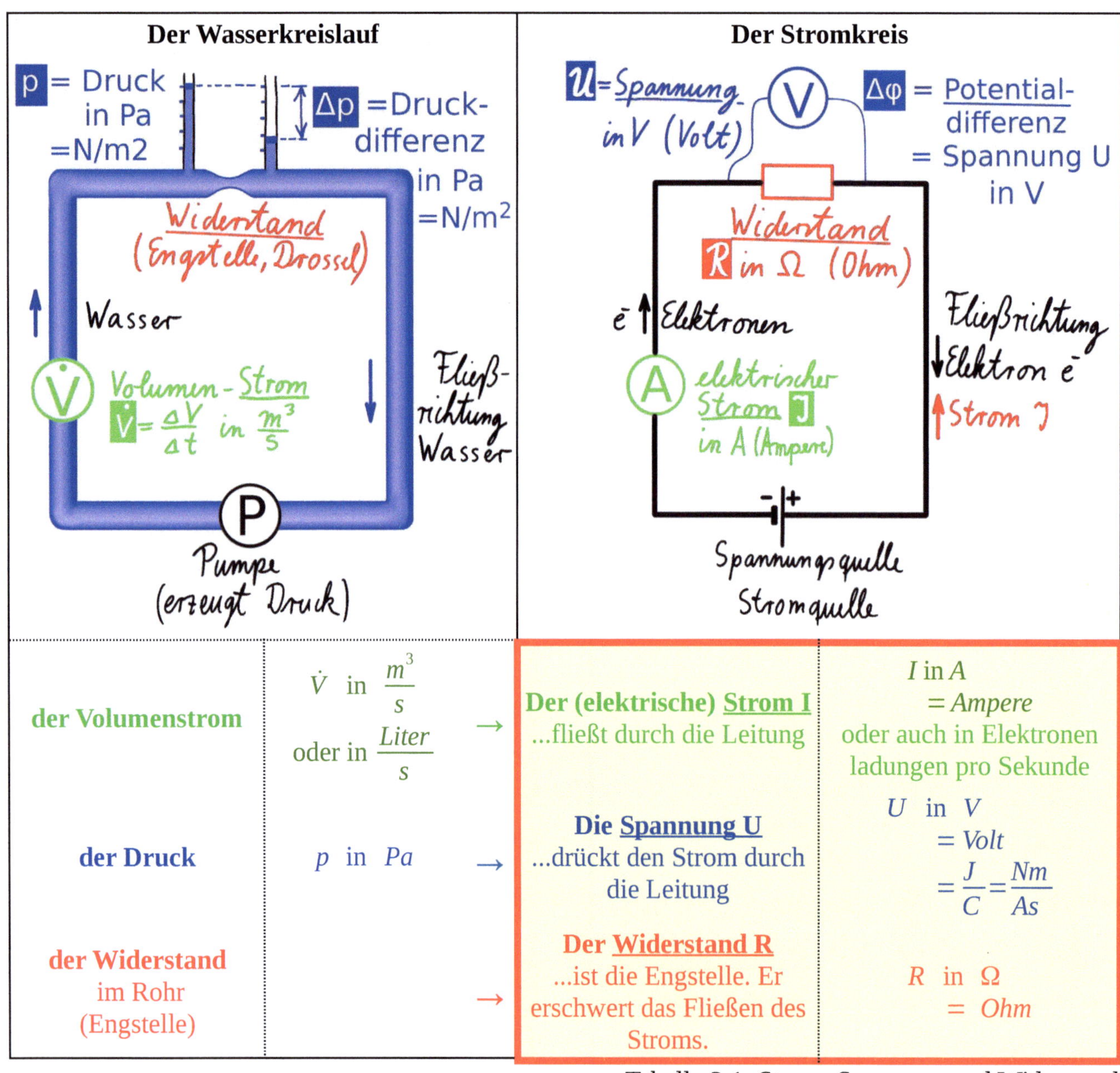

der Volumenstrom	$\dot{V}$ in $\frac{m^3}{s}$ oder in $\frac{Liter}{s}$	→ Der (elektrische) Strom I ...fließt durch die Leitung	I in A = Ampere oder auch in Elektronen ladungen pro Sekunde
der Druck	p in Pa	→ Die Spannung U ...drückt den Strom durch die Leitung	U in V = Volt $= \frac{J}{C} = \frac{Nm}{As}$
der Widerstand im Rohr (Engstelle)		→ Der Widerstand R ...ist die Engstelle. Er erschwert das Fließen des Stroms.	R in Ω = Ohm

Tabelle 2.1: Strom, Spannung und Widerstand

2.1.2 🎓 Das Ohmsche Gesetz

current	der Strom	resistance	der Widerstand (die Eigenschaft)
voltage	die Spannung	resistor	der Widerstand (das Bauteil)
The voltage is tapped..	die Spannung wird abgegriffen..	variable resistors:	regelbare Widerstände:
..between the potentials	..zwischen den Potentialen φ_1 und φ_2	sliding resistor	der Schiebewiderstand
		potentiometer	das Potentiometer, der Drehwiderstand

Je größer die Spannung, desto mehr Strom fließt.

Je größer der Widerstand, desto weniger Strom fließt.

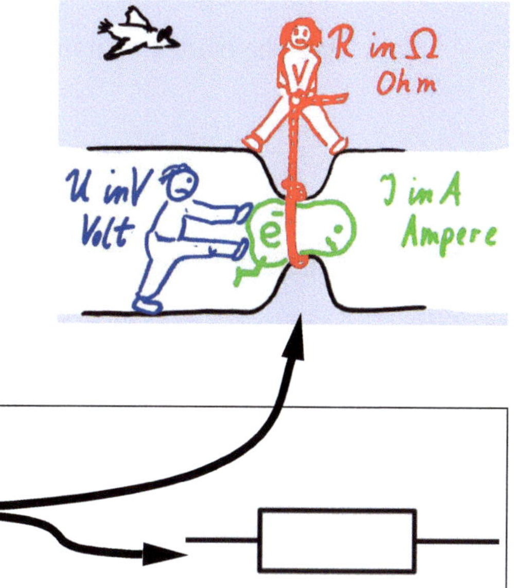

Ohmsches Gesetz

$$I = \frac{U}{R}$$

I = Strom
U = Spannung
R = Widerstand

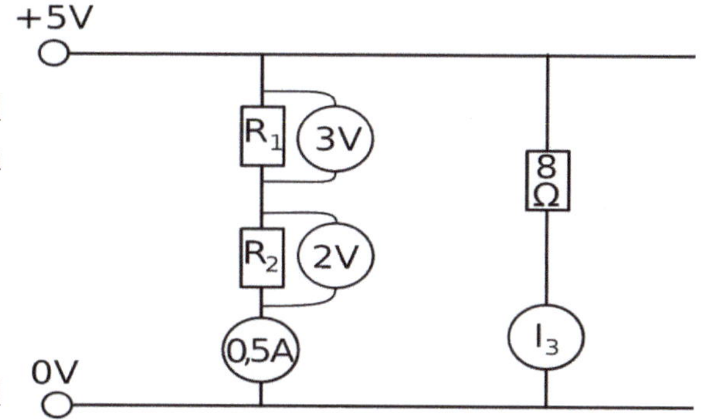

Der Widerstand ($\rightarrow$ Kapitel 4.1) wird in Schaltkreisen als rechteckiger Kasten dargestellt:

AUFGABEN

1. **Ohmsches Gesetz:** Berechnen Sie für das Bild rechts die Widerstände R_1 und R_2 sowie den Strom I_3.

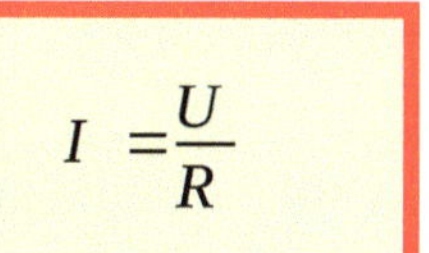

2. **Der Schiebewiderstand:** Ein Schiebewiderstand ist ein Widerstand, dessen Wert durch Verschieben oder Drehen eines Reglers kontinuierlich verändert werden kann. Gegeben ist ein Schiebewiderstand, der sich von 0 Ω bis 140 Ω kontinuierlich verändern lässt. Er darf mit maximal 3A belastet werden.

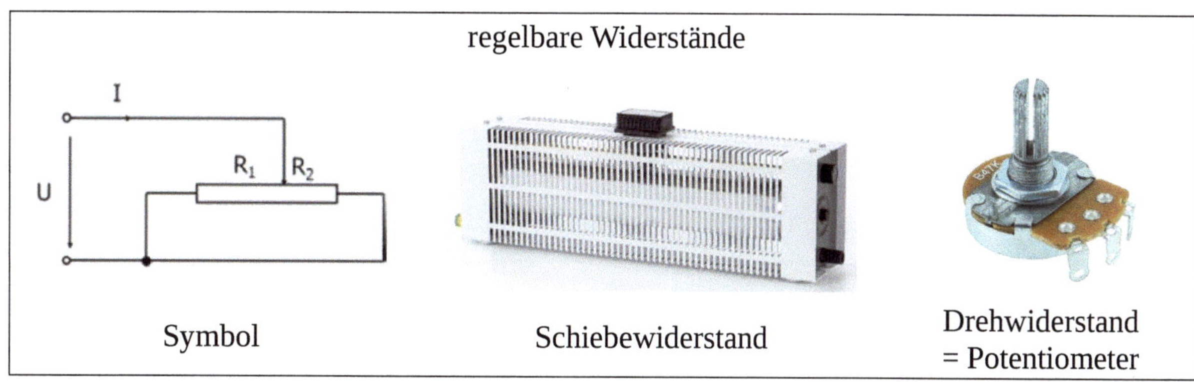

a) Welche maximale Spannung darf an die beiden Enden des Schiebewiderstands gelegt werden?

b) Welche maximale Spannung darf zwischen den mittleren Abgriff (= Schieberegler) und das linke Ende des Widerstands gelegt werden, wenn der Regler genau in der Mitte steht?

c) Der Schiebewiderstand ist 20 cm lang. Der Schieberegler ist 5 cm vom linken Ende entfernt.

- Welche beiden Spannungen können abgegriffen werden, wenn am Gesamtwiderstand 30V anliegen?

- Welche beiden Spannungen können abgegriffen werden, wenn 2A fließen?

2.1.3 🎓 Messen von Strom und Spannung

- **Die Spannungsmessung** erfolgt immer <u>parallel</u>, weil die Differenz zwischen zwei Potentialen φ gemessen werden soll.

  Das Spannungsmessgerät hat einen möglichst großen Widerstand, es soll kein Bypass sein.

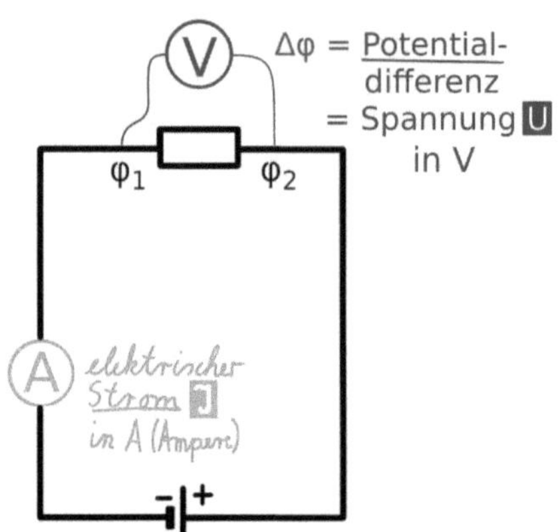

- Die Strommessung erfolgt immer <u>in Reihe</u>, weil gemessen werden soll, wie viel Strom (oder wie viele Elektronen pro Zeit) durch das Kabel fließen. Das Strommessgerät hat einen möglichst kleinen Widerstand, der Strom soll ungehindert fließen.

2.2 🎓 Schaltzeichen

battery	die Batterie, der Akku	wiring symbol	das Schaltzeichen (das Schaltsymbole
voltage source	die Spannungsquelle	electrical (circuit) symbol	
current source	die Stromquelle	resistance	der Widerstand (die Eigenschaft)
light bulb	die Glühlampe	resistor	der Widerstand (das Bauteil)
incandescent lamp	die Glühlampe	variable resistors:	regelbare Widerstände:
light emitting diode	die Leuchtdiode	sliding resistor	der Schiebewiderstand
switch	der Schalter	potentiometer	das Potentiometer, der Drehwiderstand
push-button	der Taster	capacitor	der Kondensator
changeover switch	der Wechselschalter	coil	die Spule
		earthing, electrical grounding	die Erdung

Symbol	Bezeichnung	Beschreibung
	die Batterie	In einer Batterie ist Energie chemisch gespeichert. Aus der chemischen Energie wird elektrischer Strom.
U=12V	die Spannungs-quelle	Wenn eine konstante Spannung angegeben ist, dann sagen wir "Spannungsquelle". Die Kreise symbolisieren Klemmen, auf die die Spannung gegeben wird.
I=20mA	die Stromquelle	Wenn ein konstanter Strom angegeben ist, dann sagen wir "Stromquelle".
U=12V	die Wechsel-spannungs-quelle	Beim Wechselstrom werden Pluspol und Minuspol mehrmals pro Sekunde getauscht: 50 mal pro Sekunde im europäischen Stromnetz.
	die Glühlampe	In der Glühlampe wird ein Draht elektrisch erhitzt bis zur Weißglut. Glühendes Metall leuchtet.
	die Leuchtdiode	Energiesparende Leuchtdioden ersetzen heute die Glühlampen, seitdem es möglich ist, sie weiß zu machen und nicht nur rot oder grün.
	der Schalter	Schalter verwenden wir z.B. für das Licht im Wohnzimmer.
	der Taster	Taster haben wir im Treppenhaus. Der Taster startet den Timer für die Treppenhausbeleuchtung.
	der Umschalter	Umschalter verwenden wir im Flur. Zwei Umschalter bilden eine Wechselschaltung. So kann Licht an verschiedenen Stellen geschaltet werden.
	der Kreuzschalter	Der Kreuzschalter hat zwei Schaltstellungen: Parallele Stromführung oder Kreuzung der beiden Leitungen.
	der Widerstand	Der Widerstand ist die Engstelle, durch die sich der Strom quetscht (Kapitel 4.1)
	der regelbare Widerstand (Potentiometer)	Das Potentiometer hat in der Mitte einen Anschluss, der sich zwischen den beiden Äußeren Polen verschieben lässt.

—||—	der Kondensator	Ein Kondensator speichert elektrische Energie im elektrischen Feld zwischen zwei Platten oder Folien. Er ist eine Art "Akku". (Kapitel 4.2)	
—ᴖᴖᴖᴖ— ▬	die Spule	Eine Spule ist ein Elektromagnet. Eine Spule speichert Energie in einem magnetischen Feld. Fließt in der Spule erst einmal Strom, dann ist er kaum noch zu bremsen: Die Spule ist so träge, wie ein aufgewickelter Wasserschlauch, in dem das Wasser erst einmal in Schwung kommt. (Kapitel 5.1.3)	
—▷|— - +	die Diode	Eine Diode lässt den Strom nur in einer Richtung durch. Die helle Stelle markiert, wo der Strom nicht rauskommt.	
⏚	die Erdung	Die Erdung verbindet einen Leiter mit dem Erdboden. Geräte im Haushalt müssen geerdet (neutral) oder aus Kunststoff sein. Jedes Haus hat meterlange Erdungsspieße (Staberder) oder Ringerder im Boden.	
—(A)—	Amperemeter	Das Amperemeter misst den Strom in Ampere. Man kann sich vorstellen, dass es misst, wie viele Elektronen pro Zeit hindurchfließen.	
—(V)—	Voltmeter	Das Voltmeter misst die Spannung in Volt. Man kann sich vorstellen, dass es misst, mit welchem Druck die Elektronen durch den Leiter gepresst werden.	

2.3 🎓 Grundlegende, elektrische Schaltpläne

Schaltpläne werden in diesem Band nur der Vollständigkeit halber kurz erwähnt. Eine besonders einfache, aber sinnvolle Schaltung ist die Wechselschaltung zur Flurbeleuchtung:

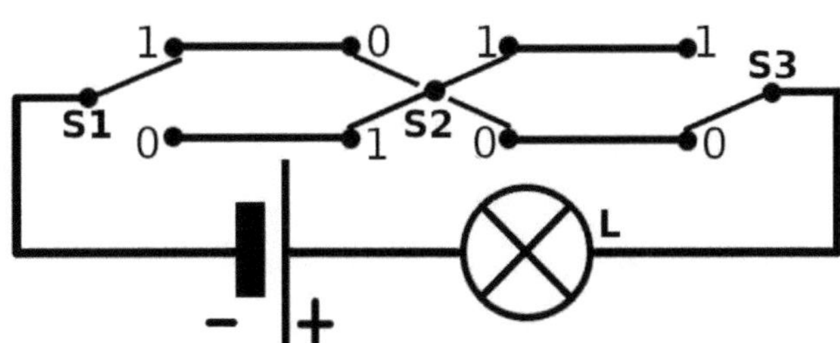

S1	S2	S3	L
0	0	0	0
0	0	1	0
0	1	0	0
0	1	1	1
1	0	0	
1	0	1	
1	1	0	
1	1	1	

An jedem der drei Schalter lässt sich die Lampe einschalten oder ausschalten.

AUFGABEN

1. **Flurbeleuchtung:** Vervollständigen Sie die Tabelle oben.

2. **Puzzle:** Gegeben sind zwei Wechselschalter, drei Glühlampen und eine Spannungsquelle. Zeichnen Sie einen Stromkreis, der zur gegebenen Tabelle passt.

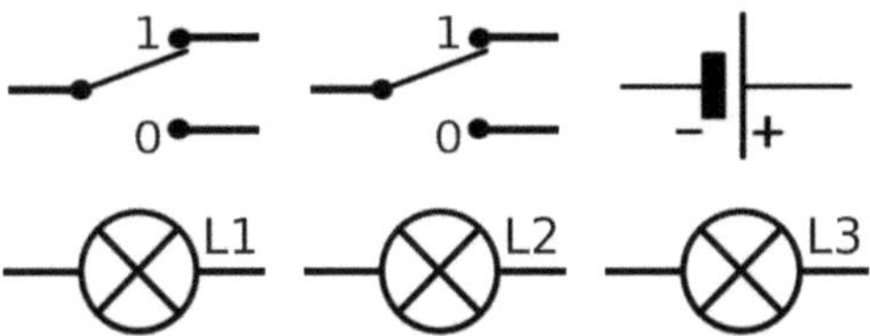

S1	S2	L1	L2	L3
0	0	0	1	1
0	1	0	0	0
1	0	0	0	0
1	1	1	0	1

Hinweis: In Reihe (=hintereinander) geschaltete Lampen leuchten auch, aber schwächer. In der Tabelle wurde das hier mit "1" für "leuchtet" gekennzeichnet.

2.4 🎓🎓 Kirchhoffsche Gesetze (Knotenregel, Maschenregel)

Kirchhoff's laws	die Kirchhoffschen Gesetze	knot rule	die Knotenregel
equation system	das Gleichungssystem	mesh rule	die Maschenregel
circuit	der Stromkreis, der Schaltkreis	potential	das Potential φ
circuit	die (elektrische) Schaltung		

<table>
<tr><td colspan="2" align="center">Die Kirchhoffschen Regeln</td></tr>
<tr><td align="center">Knotenregel</td><td align="center">Maschenregel</td></tr>
<tr><td>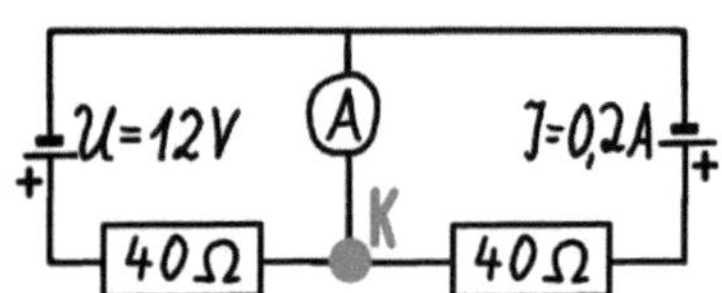</td><td>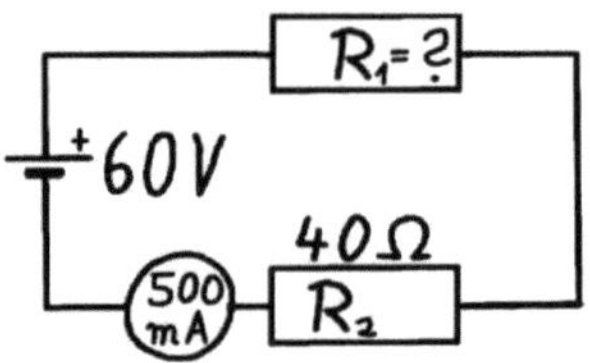</td></tr>
<tr><td>Alle Elektronen, die in den Knoten hinein-fließen, müssen auch wieder herausfließen. (Strom zum Knoten hin ist positiv)</td><td>Wird die Masche vom Potential φ_0 ausgehend umrundet, dann gelangt man nach einer Runde am Ende wieder zum Ausgangspotential φ_0.</td></tr>
</table>

AUFGABEN

1. Knotenregel: Die Abbildung zeigt eine Schaltung mit einem Knoten K.

   a) Zeichnen Sie die Richtung der Ströme ein (Hinweis: Eine falsche gezeichnete Stromrichtung ergibt nur in der späteren Rechnung ein negatives Vorzeichen).

   b) Berechnen Sie den Strom, der im linken Widerstand fließt.

   c) Stellen Sie die Knotenregel für den Knoten K auf und berechnen Sie den Strom im Amperemeter.

2. Maschenregel: Eine Spannungsquelle liefert eine Spannung von 60V für die gezeichnete Masche. Ein Strommessgerät zeigt in dieser Masche 500 mA an.

   a) Berechnen Sie die Spannung, die am 40 Ω Widerstand anliegt.

   b) Berechnen Sie mit Hilfe der Maschenregel die Spannung am Widerstand R.

3. Gleichungssystem mit Knotenregel: Gegeben ist ein Schaltkreis mit zwei Maschen und zwei Knoten.

   a) Stellen Sie mit Hilfe von Knotenregel und Maschenregeln ein Gleichungssystem auf mit drei Gleichungen und den drei unbekannten Spannungen U_1, U_2, U_3.

   b) Berechnen Sie U_1, U_2 und U_3.

4. Maschenregel und Knotenregel: Berechnen Sie die Leistung der Verbraucher R_1, R_2 und R_3. Welche Energie wird für 30 Tage Dauerbetrieb insgesamt benötigt?

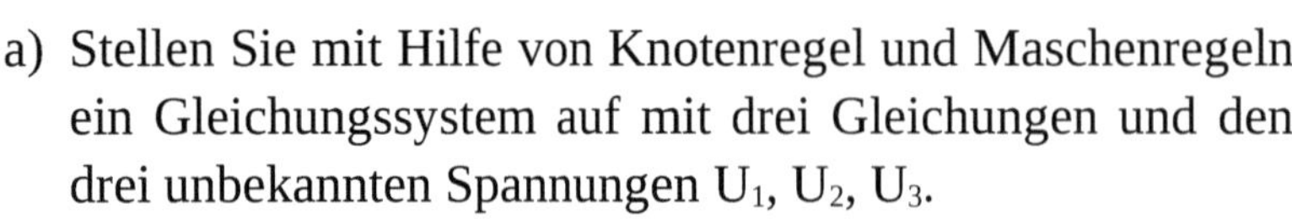
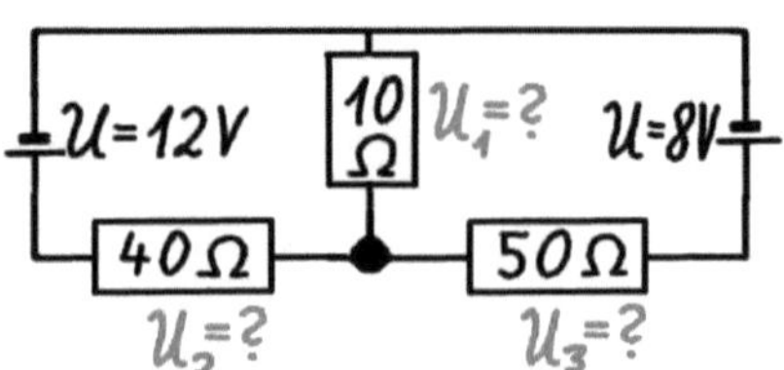
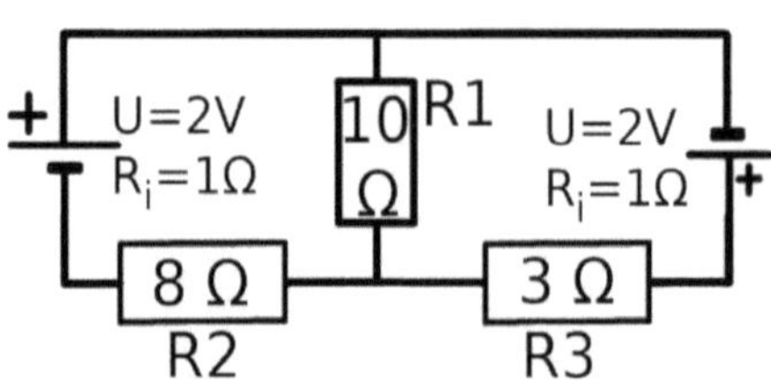

 © Badell.de

2.5 Leistung, Energie und Wirkungsgrad im Stromkreis

2.5.1 🎓🎓 Leistung und Energie am Widerstand

power	die Leistung in kW	resistance	der Widerstand (die Eigenschaft)
energy	die Energie in kWh	resistor	der Widerstand (das Bauteil)
kilowatt hour	die Kilowattstunde kWh	fuse	die Sicherung

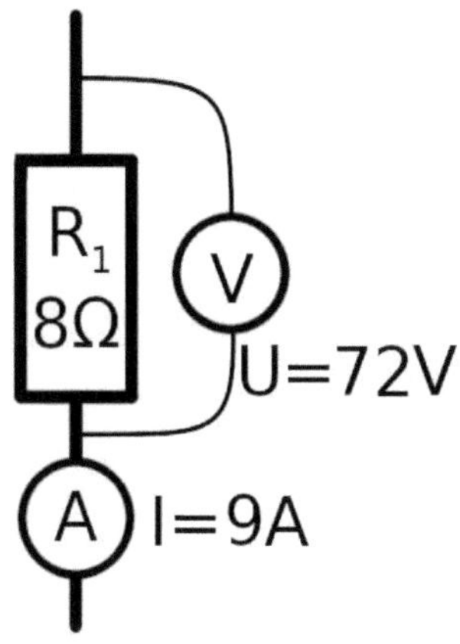

Ein Verbraucher (wie z.B. eine Glühlampe, eine elektrische Heizung oder eine Kaffeemaschine) ist ein elektrischer Widerstand. Im Bild links ist eine Heizung als Widerstand R_1 dargestellt. Es gilt:

$$\text{Leistung} \quad P = U \cdot I = \frac{U^2}{R} \quad \text{in W (Watt)}$$

U = Spannung
I = Strom
R = Widerstand

$$\text{Energie} \quad W = P \cdot t \quad \text{in Ws (Wattsekunden) oder kWh (Kilowattstunden)}$$

t = Zeit

Für die Umrechnung der Einheiten gilt:

$$P \text{ in } V \cdot A = W = \frac{J}{s} = \frac{Nm}{s}$$

$$E \text{ in } Ws = J = Nm \quad \text{oder in } kWh$$

Achtung: kW/h oder "Kilowatt pro Stunde" ist KEINE Energie. Auch nicht in der Klausur.

AUFGABEN

1. **Elektrischer Heizkörper (= elektrischer Widerstand):** Ein elektrischer Heizkörper soll nach dem Einschalten von 20°C auf 70°C aufheizen. Dazu benötigt er eine Energie von 2000 kJ.

   a) Rechnen Sie die benötigte Energie um in die Einheiten Ws (Wattsekunden) und kWh (Kilowattstunden).

   b) Die Erwärmung des Heizkörpers dauert fünf Minuten. Welche Leistung muss er haben?

   c) Eine Sicherung im Haushalt hat üblicherweise 16 Ampere. Die Spannung beträgt 230 Volt. Berechnen Sie, ob der Heizkörper hier betrieben werden kann.

   d) Wie groß ist der elektrische Widerstand des Heizkörpers?

   e) Zwei dieser Heizkörper werden hintereinander (=in Reihe) geschaltet. Das verdoppelt den Widerstand.

   - Wie ändert sich ihre jeweilige Leistung?
   - Reicht die gegebene Sicherung (16A) jetzt aus?

2. **Leistung eines Elektroautos:** Ein PKW (m=1600 kg) beschleunigt 9 s lang, um eine Geschwindigkeit von 100 km/h zu erreichen.

   a) Welche kinetische Energie hat das Auto nach der Beschleunigung?

   b) Berechnen Sie die erforderliche Leistung des Elektromotors
      - in Kilowatt kW,
      - in Pferdestärken PS (Pferdestärke ist eine veraltete Einheit, die von Autohändlern manchmal immer noch verwendet wird: 1PS = 735 Watt).

   c) Der Akku in einem Elektroauto hat üblicherweise 400 Volt (Mittelklasse und Kleinwagen) oder 800 Volt (Porsche Taycan, Audi E-Tron GT, Hyundai Ioniq ...).
      - Berechnen Sie für beide Spannungsebenen den jeweils erforderlichen Strom.
      - Welchen Vorteil hat die höhere Spannung?
      - Warum haben vorwiegend die großen und schnellen Autos eine höhere Akkuspannung?

2.5.2 🎓🎓🎓 Spannungsrichtige und stromrichtige Leistungsmessung

electrical power mesaurement	die elektrische Leistungsmessung	voltmeter	das Voltmeter
correct-voltage power measurement	spannungsrichtige Leistungsmessung	ammeter, ampere meter	das Amperemeter
correct-current power measurement	stromrichtige Leistungsmessung	light bulb	die Glühlampe

Beispiel - Leistungsmessung an einer elektrischen Heizung:
Gebäude werden häufig mit Wärmepumpen, Blockheizkraftwerken oder Fernwärme geheizt. Gasheizungen und Ölheizungen gelten als veraltet, weil die Erzeugung von Wasserstoff oder synthetischer Öle aus Windstrom mit einem grottenschlechten Wirkungsgrad verbunden ist. "Grüner" Wasserstoff wird also zukünftig der Industrie und der Luftfahrt vorbehalten bleiben und nicht für Heizungen verschwendet werden.

Zu Testzwecken wird ein Klassenraum direkt mit elektrischen Heizkörpern beheizt. <u>Der Heizkörper ist unten als Widerstand R symbolisiert.</u> Um die Leistung der Heizkörper zu bestimmen, gibt es zwei Möglichkeiten:

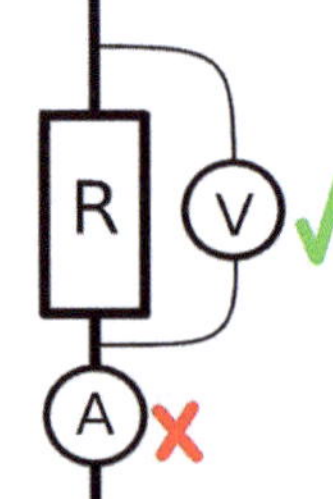

Spannungsrichtige Messung:

Gefragt ist der Strom durch den Widerstand. Gemessen wird aber der gemeinsame Strom durch Widerstand und Voltmeter. Der korrekte Strom lässt sich berechnen:

$$I_{korrekt} = I_{mess} - I_{Fehler} = I_{mess} - \frac{U}{R_{Voltmeter}}$$

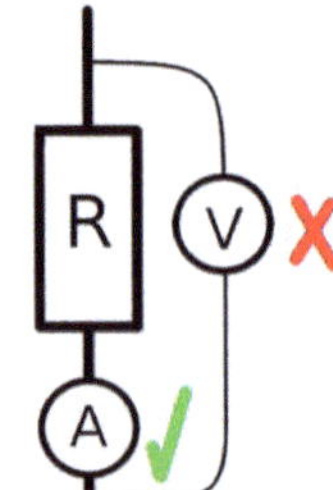

Stromrichtige Messung:

Gefragt ist die Spannung am Widerstand. Gemessen wird aber die Spannung über Widerstand und Amperemeter. Die korrekte Spannung lässt sich berechnen:

$$U_{korrekt} = U_{mess} - U_{Fehler} = U_{mess} - R_{Amperemeter} \cdot I$$

 ©Badelt.de

AUFGABEN

1. **Leistungsmessung:** Zeichnen Sie einen Stromkreis mit Spannungsquelle und Glühlampe.

   a) Tragen Sie in diesen Stromkreis Messgeräte für Strom und Spannung so ein, dass die Leistung der Glühlampe spannungsrichtig gemessen wird.

   b) Die Messgeräte zeigen: U =24V; I =0,5A. Berechnen Sie die Leistung der Glühlampe aus den angezeigten Werten.

   c) Erklären Sie, warum das Ergebnis aus b) ungenau ist.

   d) Der Innenwiderstand des Spannunsmessgerätes beträgt 5 kΩ. Berechnen Sie die tatsächliche Leistung der Lampe.

2.5.3 🎓🎓 Der Wirkungsgrad

work = energy	Arbeit W = Energie E	Energy supplied W_{in}	zugeführte Energie W_{zu}
efficiency	der Wirkungsgrad η	energie delivered W_{out}	abgegebene Energie W_{ab}
light bulp, incandescent lamp	die Glühlampe	waste heat	Abwärme
incandecence, glow	das Glühen	thermal energy	die Wärmeenergie

Der Wirkungsgrad η ist ist der Anteil der genutzten Energie in einer Maschine. Er ist einheitslos und wird oft in Prozent angegeben. Der Wirkungsgrad ist bereits aus der Mechanik bekannt (Band 2).

■ **Beispiele für Wirkungsgrade**

Ein **Elektromotor im Auto** setzt 96% der elektrischen Energie in Rotationsenergie um. 4% gehen als Wärmeenergie verloren. Der Motor hat also einen Wirkungsgrad von η = 96%.

Eine **Glühlame** wandelt nur 5% der elektrischen Energie in Licht um. Sie hat also einen Wirkungsgrad von η = 5%.

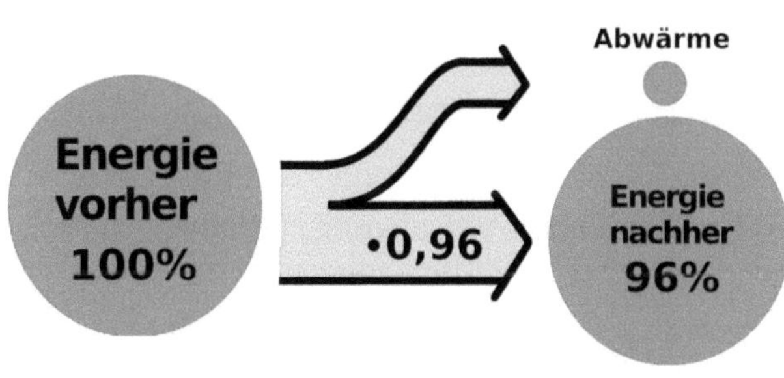

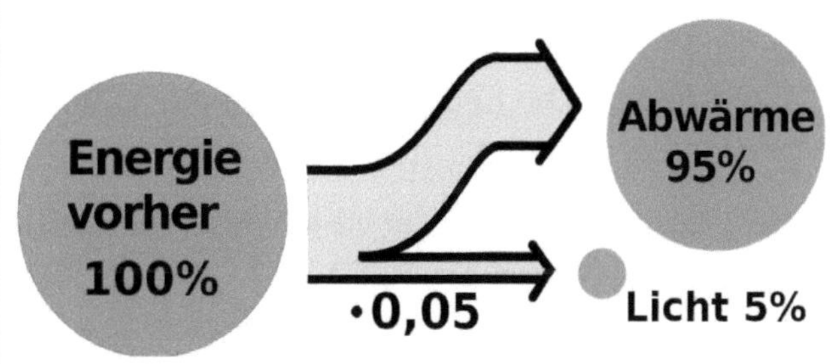

Hinweis: Energie verschwindet niemals. Sie ist aber als Abwärme nur oft nutzlos.

■ **Formeln für den Wirkungsgrad**

$$\text{Energie}: \quad E_{zu} \cdot \eta = E_{ab}$$

$$\text{Leistung}: \quad P_{zu} \cdot \eta = P_{ab}$$

E_{zu} = zugeführte Energie   (vorher)
E_{ab} = abgegebene Energie   (nachher)

P_{zu} = Leistung   vorher
P_{ab} = Leistung   nachher

η = Wirkungsgrad

AUFGABEN:

1. **Leistung, Energie und Wirkungsgrad:** In einer Autozeitschrift wurde folgender Artikel abgedruckt:

   Tesla Supercharger: Laden in fünf Minuten? Der Firmenchef Elon Musk kündigt an, dass in Zukunft Elektroautos noch deutlich schneller geladen werden können, als bisher. Die genaue Ladedauer ist noch unbekannt. Allerdings bezeichnet er Abgabeleistungen von 350 Kilowattstunden als Kinderspielzeug. Schnellladegeräte haben heute üblicherweise 150 Kilowattstunden.

   a) Finden Sie den (physikalischen) Fehler im Text.

   b) Angenommen, ein Fahrzeugakku hat eine Kapazität von 100 kWh. Wie groß müsste die Ladeleistung sein, wenn der Akku in fünf Minuten geladen wird?

   c) Der Wirkungsgrad dieser Ladegeräte beträgt 90%. Auch das Ladekabel wird heiß und gibt während des Ladens 1% der Energie als Wärme ab. Welche Leistung wird insgesamt benötigt, wenn auf einem Parkplatz vier dieser Ladegeräte gleichzeitig in Betrieb sind? Geben Sie das Ergebnis an in kW und in kJ/s.

   d) Wie lange dauert das Laden zuhause, wenn 3-Phasen Wechselstrom ($3 \cdot 16\,A$; $230\,V$) zur Verfügung steht? Wirkungsgrade werden vernachlässigt.

   e) Beantworten Sie Aufgabe d) unter Berücksichtigung der Wirkungsgrade, die unter c) genannt werden.

2. **Leistung und Energie eines elektrischen Fließband-Antriebs:** In einer Mühle müssen 5 Tonnen Getreide pro Stunde über ein Fließband in eine Höhe von 18m transportiert werden. Reibungen und Wirkungsgrade werden zunächst vernachlässigt.

   a) Welche Lageenergie haben die 5 Tonnen Getreide und welche Leistung wird für den Transport benötigt?

   b) Fließband, Getriebe und Motor haben jetzt einen Gesamtwirkungsgrad von 40%. Welche elektrische Leistung benötigt ein Motor, der zu dieser Anlage passt?

   c) Zur Verfügung stehen eine preiswerte Schuko-Steckdose mit 230V und 16A, ein Drehstromanschluss mit 11 kW oder ein spezieller Trafo mit höherer Leistung. Welcher Anschluss wird benötigt?

2.6 Aufgaben

1. **Leistung und Ohmsches Gesetz:** Zwei Glühlampen mit den Daten 230V; 40W und 6V; 2W werden hintereinander geschaltet. Es werden insgesamt 230V angelegt.

   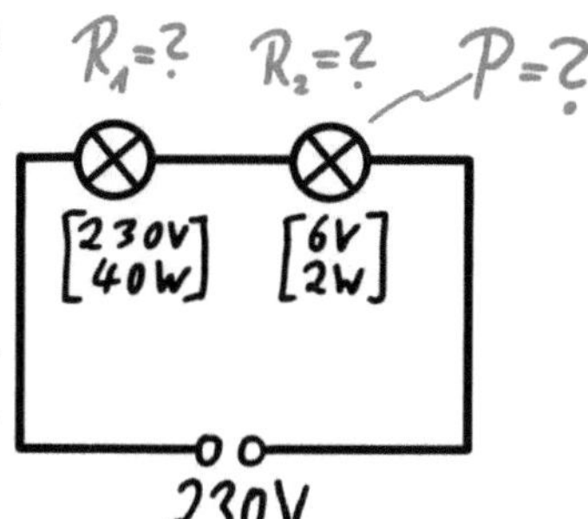

   a) Wie groß ist jeweils der Widerstand der Glühlampen?

   b) Mit wie viel Prozent ihrer Nennleistung wird die zweite Glühlampe betrieben? Wird sie zerstört, leuchtet sie oder leuchtet sie nicht?

2. **Messen von Strom, Spannung und Leistung:** In einem Stromkreis sind drei Widerstände hintereinander geschaltet.

   a) Wie sind die Messgeräte anzuschließen, um Strom und Spannung für jeden der Widerstände messen zu können?

   b) Strommessgerät und Spannungsmessgerät: Welches der Messgeräte muss einen möglichst großen Widerstand haben, welches muss einen möglichst kleinen Widerstand haben?

   c) Erklären Sie für einen der Widerstände, warum die Leistung nur jeweils spannungsrichtig oder stromrichtig gemessen werden kann.

   Es gelte jetzt: R_1=10 Ω; R_2=100 Ω; R_3=500 Ω; I =5 A.

   d) Berechnen Sie die Spannung an jedem der drei Widerstände.

   e) Welche Spannung liegt insgesamt an?

   f) Die Leistung wird spannungsrichtig gemessen, das Spannungsmessgerät über Widerstand 1 zeigt aktuell 50 Volt, das Strommessgerät zeigt 5 A. Welche Leistung wird (fälschlicherweise) an Widerstand R_1 gemessen?

   g) Wie groß ist die korrekte Leistung an Widerstand R_1? (Der Innenwiderstand des Spannungsmessgerätes betrage 3 kΩ).

3 Elektrische Felder

3.1 Ladungen, Felder und Feldstärke

3.1.1 🎓🎓 Permittivität und das Feld einer Ladung

electric permittivity	die elektrische Permittivität
• **absolute** permittivity $\varepsilon = \varepsilon_0 \cdot \varepsilon_r$ (= electric permittivity) (dielectric conductivity) • **relative** permittivity ε_r • **vacuum** permittivity $\varepsilon_0 = 8{,}854 \cdot 10^{-12}\, As/Vm$ (= electric constant)	• **absolute** Permittivität $\varepsilon = \varepsilon_0 \cdot \varepsilon_r$ (= elektrische Permittivität) (= dielektrische Leitfähigkeit) • **relative** Permittivität ε_r • **Vakuum** Permittitivät $\varepsilon_0 = 8{,}854 \cdot 10^{-12}\, As/Vm$ (= elektrische Feldkonstante)
magnetic permeability (see chapter 5.1.1 and 5.1.4)	die magnetische Permeabilität (siehe Kapitel 5.1.1 und 5.1.4)
• **absolute** permeability $\mu = \mu_0 \cdot \mu_r$ (= magnetic Permeability) (= magnetic conductivity) • **relative** permeability μ_r • **vacuum** permeability $\mu_0 = 4 \cdot \pi \cdot 10^{-7}\, Vs/Am$ (= magnetic constant)	• **absolute** Permeabilität $\mu = \mu_0 \cdot \mu_r$ (= magnetische Permeabilität) (= magnetische Leitfähigkeit) • **relative** Permeabilität μ_r • **Vakuum** Permeabilität $\mu_0 = 4 \cdot \pi \cdot 10^{-7}\, Vs/Am$ (= magnetische Feldkonstante)

electric field strength	die elektrische Feldstärke	excess of electrons	der Elektronenüberschuss
magnetic flux density	die magnetische Flussdichte B	lack of electrons	der Elektronenmangel
(magnetic field strength)	(die magnetische Feldstärke H)	attraction and repulsion	die Anziehung und die Abstoßung
		pointer deflection	der Zeigerausschlag

■ **Das Feld einer Ladung**

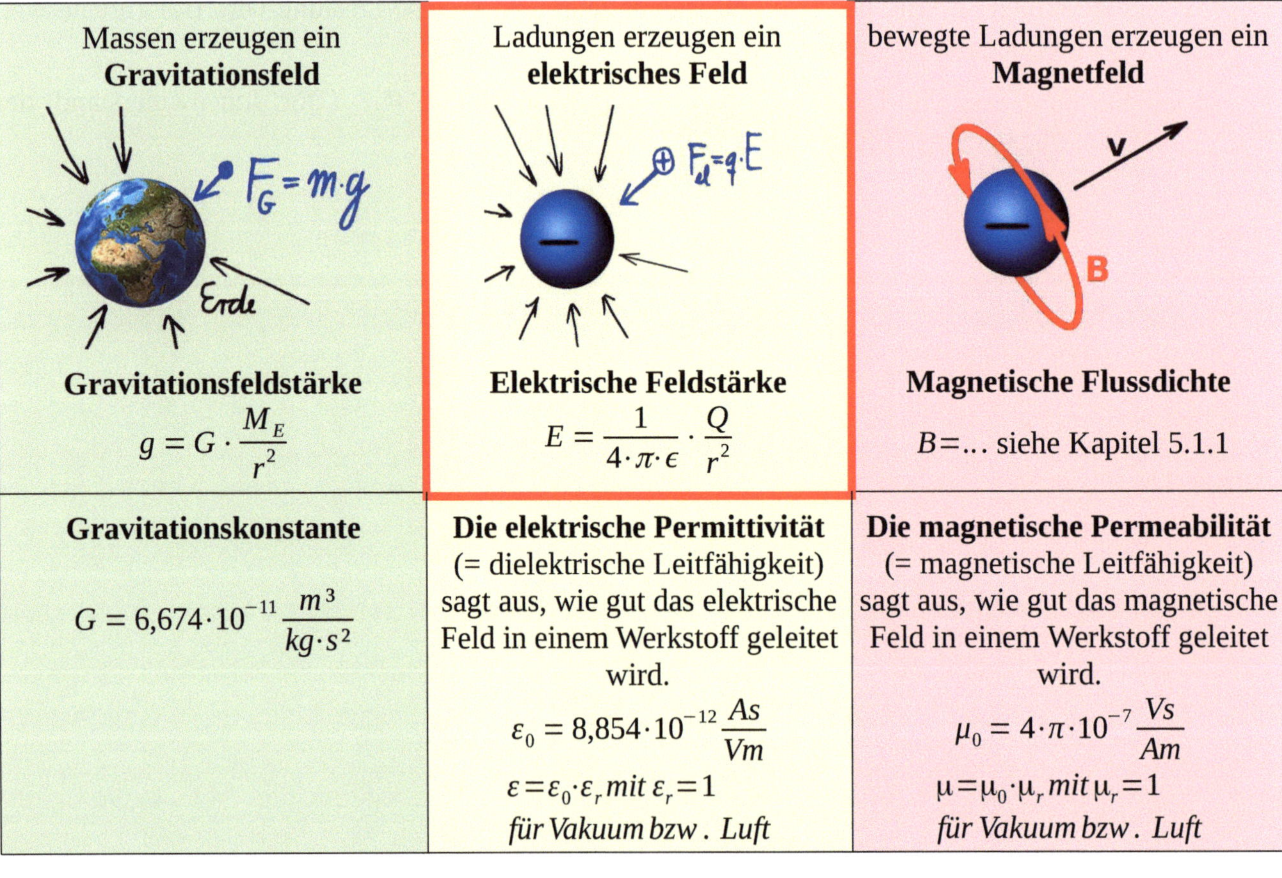

 Badutt.de

■ Die Einheit der elektrischen Ladung

Wenn Elektronen auf auf einen Körper fließen, dann wird er geladen. Die Ladung Q (für große Körper) oder q (für kleine Körper) beschreibt, wie groß der Elektronenüberschuss oder der Elektronenmangel ist.

Je länger und je stärker der Strom geflossen ist, desto größer ist die Ladung:

$$Ladung \quad Q = I \cdot t \quad | \; Q \text{ in As} = C \;\; (Coulomb)$$

I = Strom
t = Zeit

■ Permittivität

Die Permittivität ε gibt an, wie stark ein Isolator (Dielektrikum) in einem elektrischen Feld polarisiert wird. Das dabei entstehende, elektrische Gegenfeld schwächt das äußere Feld ab (feldschwächender Effekt). Der feldschwächende Effekt ermöglicht es jetzt, die Spannung wieder zu erhöhen und noch mehr Energie im Kondensator zu speichern. Keramikkondensatoren können besonders viel Energie speichern.

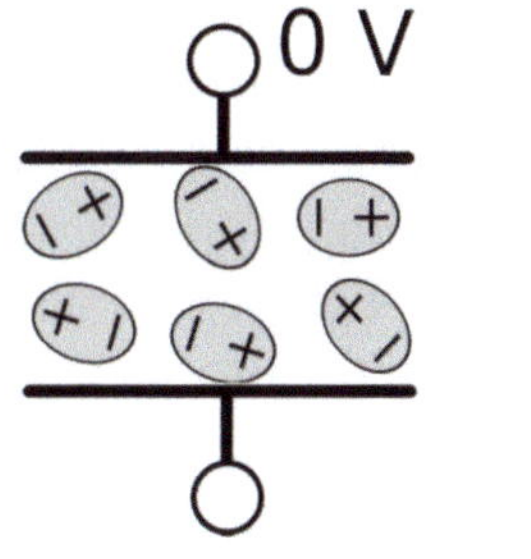
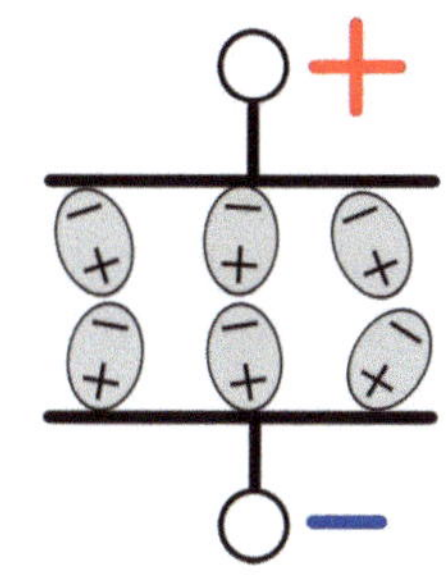

Siehe auch: Magnetische Permeabilität, Kapitel 5.1.1.

■ Abstoßung und Anziehung von Ladungen

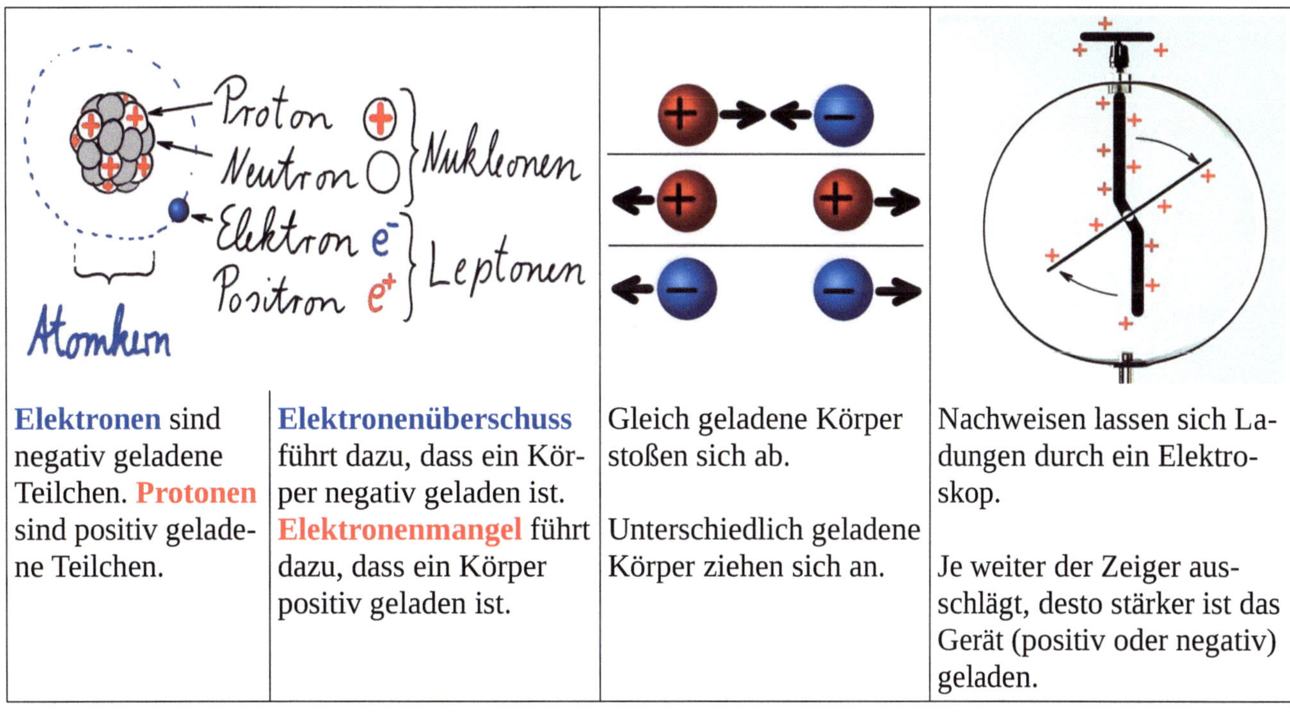

Elektronen sind negativ geladene Teilchen. **Protonen** sind positiv geladene Teilchen.	**Elektronenüberschuss** führt dazu, dass ein Körper negativ geladen ist. **Elektronenmangel** führt dazu, dass ein Körper positiv geladen ist.	Gleich geladene Körper stoßen sich ab. Unterschiedlich geladene Körper ziehen sich an.	Nachweisen lassen sich Ladungen durch ein Elektroskop. Je weiter der Zeiger ausschlägt, desto stärker ist das Gerät (positiv oder negativ) geladen.

■ **Beispiele für elektrische Felder**

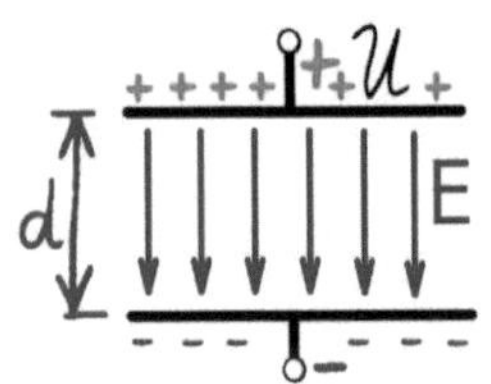

In einem Kondensator bildet sich ein elektri-sches Feld zwischen positiver und negativer Platte.

Wird ein elektrisches Feld zu stark, dann entsteht zur Entladung ein Blitz. (in feuchter Luft ab 150V pro mm).

■ **Erkennen elektrischer Felder**

Elektrische Felder erkennt man an ihrer Kraft auf Ladungen.

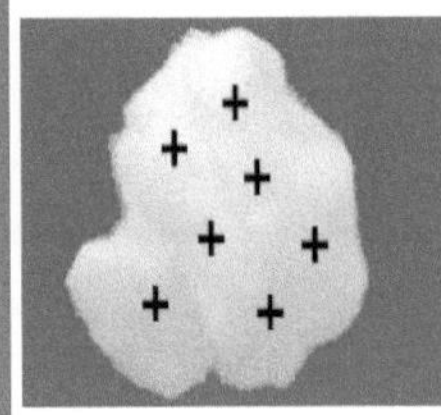

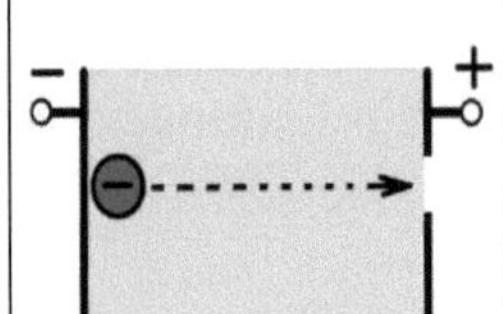

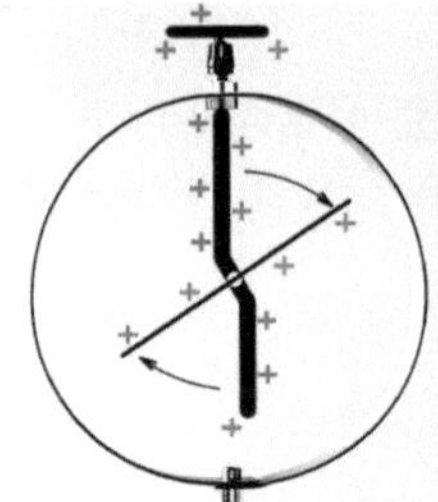

Ein geladener Wattebausch schwebt im elektrischen Feld.

Ein Elektron wird im elektrischen Feld eines Kondensators beschleunigt

In einem Elektroskop wird der geladene Zeiger vom Gehäuse abgestoßen.

 Badett.de

3.1.2 Elektrische Feldlinien und Äquipotentiallinien

charge	die Ladung q	field line	die Feldlinie
potential	das Potential φ	equipotential line	die Äquipotentiallinie

<table>
<tr><th></th><th>homogenes Feld</th><th>Radialfeld</th></tr>
<tr><td rowspan="2">Feldlinien</td><td>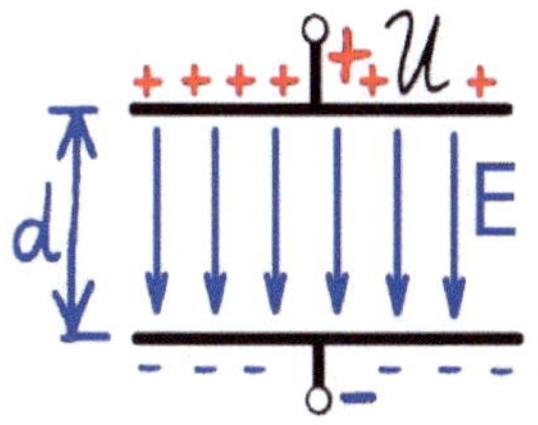
</td><td>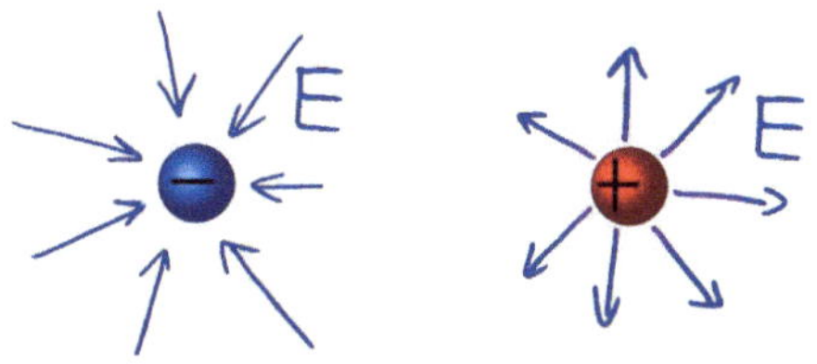
</td></tr>
<tr><td colspan="2"><ul><li>Feldlinien zwischen geladenen Platten verlaufen parallel (=homogen).</li><li>Feldlinien einer Punktladung Q verlaufen vom Zentrum radial nach außen oder umgekehrt.</li><li>Die Feldlinien werden vom Pluspol zum Minuspol eingezeichnet.</li><li>Feldlinien stehen immer senkrecht auf der Oberfläche des Körpers.</li></ul></td></tr>
<tr><td rowspan="2">Äqui-potential-linien</td><td>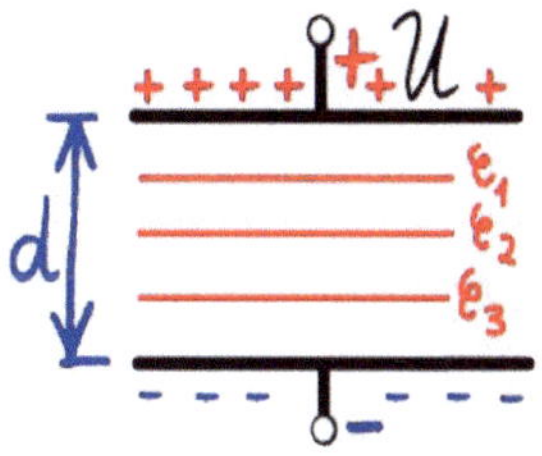
</td><td>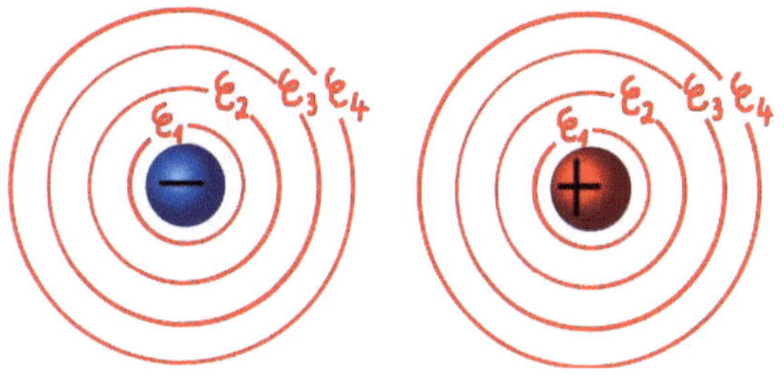</td></tr>
<tr><td colspan="2"><ul><li>Äquipotentiallinien sind Linien gleichen Potentials.</li><li>Die Spannung U ist die Differenz zwischen zwei Potentialen φ_1 und φ_2.</li><li>Äquipotentiallinien verlaufen senkrecht zu den Feldlinien.</li></ul></td></tr>
<tr><td rowspan="2">Feldlinien und Äqui-potential-linien schneiden sich im 90° Winkel</td><td>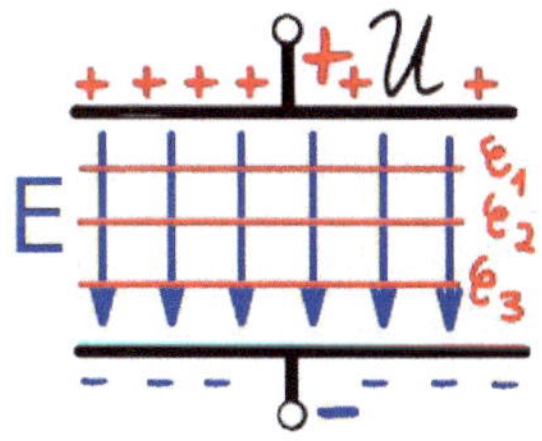
</td><td>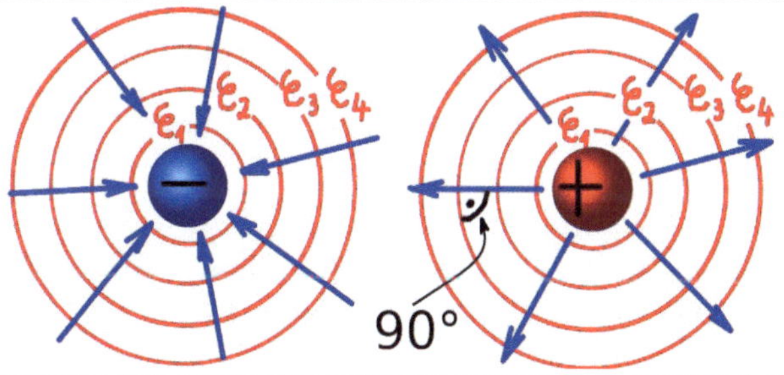
</td></tr>
<tr><td colspan="2">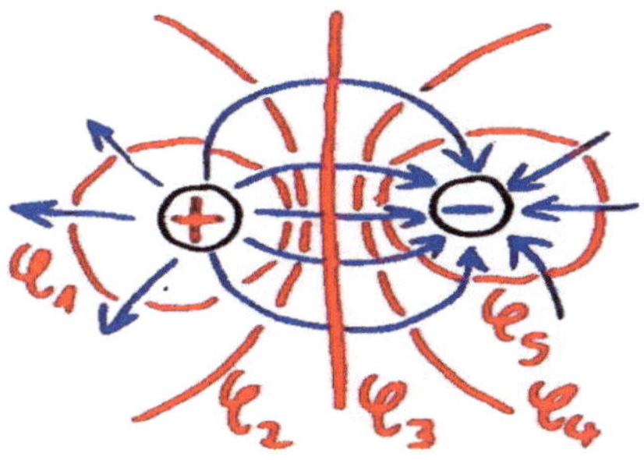
Feldlinien und Äquipotentiallinien zwischen zwei Punktladungen</td></tr>
</table>

3.1.3 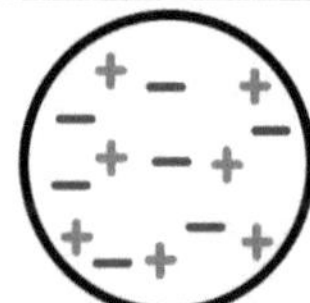 Die Influenz (= Ladungstrennung, Ladungsverschiebung)

charge	die Ladung	electroscope	das Elektroskop
Electrostatic induction, influence	die Influenz	pointer deflection, needle deflection	der Zeigerausschlag
=charge displacement	=Ladungsverschiebung	the charged rod	der geladene Stab

■ Influenz in einer Kugel

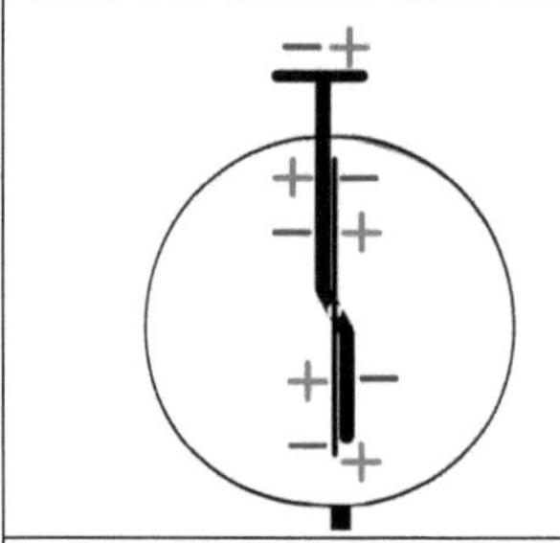	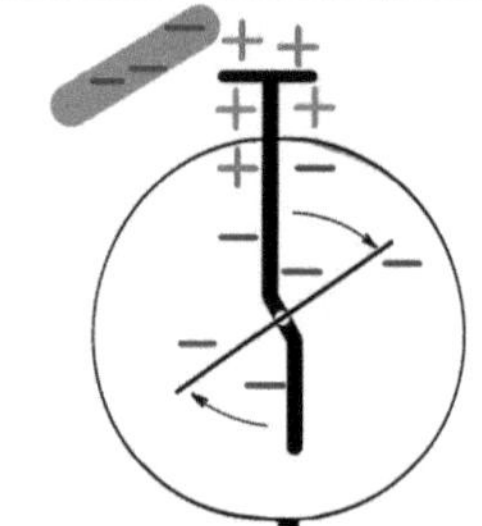	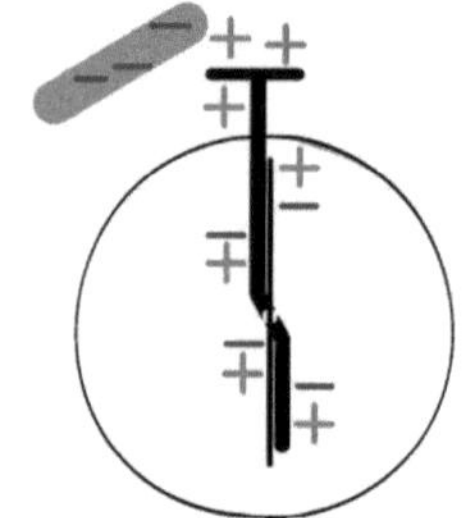
In einer Metallkugel sind die Ladungen normalerweise ausgeglichen.	Hält man eine positive Ladung neben die Kugel, dann zieht sie die negativen Ladungen (Elektronen) an.	Hält man eine negative Ladung neben die Kugel, dann stößt sie die negativen Ladungen (Elektronen) ab.

■ Influenzexperiment am Elektroskop

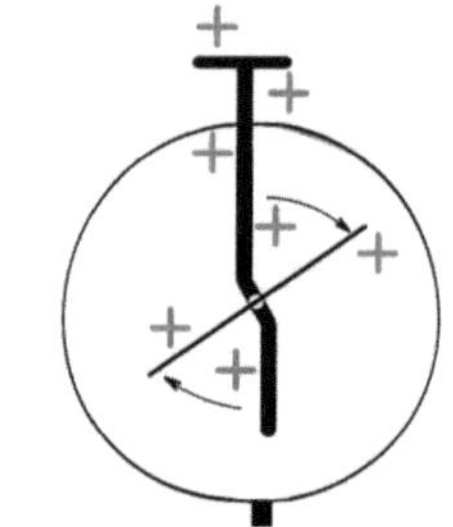			
Das abgebildete Elektroskop ist neutral. Es schlägt nicht aus.	In die Nähe des Elektroskops wird jetzt ein positiv geladener Stab gehalten. Die Ladungen verschieben sich.	Mit der Hand werden unten die negativen Ladungen abgenommen. Das Elektroskop schlägt nicht mehr aus.	Nach Entfernen des Stabs bleibt ein Überschuss positiver Ladungen. Das Elektroskop schlägt aus.

AUFGABEN

1. Ein Elektroskop wird mit einem elektrisch geladenen Kunststoffstab berührt.

   a) Skizzieren Sie das Elektroskop und erklären Sie, warum es sowohl bei positiver, als auch bei negativer Ladung ausschlägt.

   b) Erklären Sie den Begriff der Ladungsverschiebung bei der Annäherung des Stabs an das Elektroskop.

   c) Wie kann das Elektroskop mit einem negativen Stab positiv geladen werden?

3.1.4 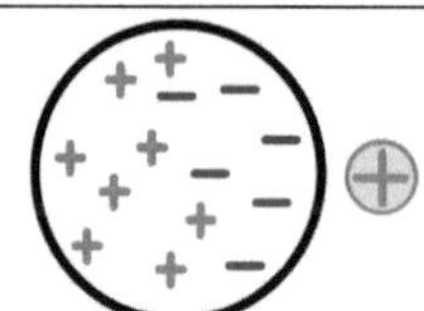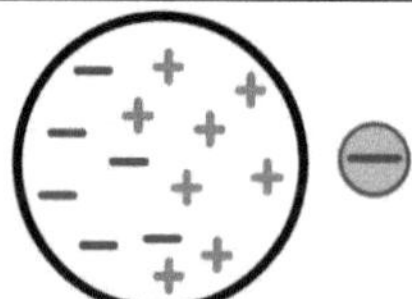 Die Influenz im Faradayschen Käfig

Wird eine elektrisch leitende Hülle (z.B. Hohlkugel oder Auto) in ein elektrisches Feld gebracht, dann wirkt eine Kraft auf die Elektronen der Hülle: $F_{el} = q \cdot E$. Diese Ladungsverschiebung (oder Influenz) sorgt dafür, dass auf der Oberfläche des Körpers die Feldstärke E = 0 beträgt. Somit bleibt das Innere der Hülle feldfrei. Anwendung: Bei einem Gewitter entstehen Blitze durch hohe Feldstärken. In feuchter Gewitterluft reicht eine Feldstärke von 150.000 V/m aus, damit es blitzt. Im feldfreien Inneren eines Autos sind wir vor Blitzen geschützt.

3.2 Teilchen in elektrischen Feldern

3.2.1 🎓🎓 Die elektrische Kraft (= Coulombkraft)

gravitational field (G-field)	das Gravitationsfeld (G-Feld)	the charged sphere/ ball	die geladene Kugel
electric field (E-field)	das elektrische Feld (E-Feld)	electron beam tube	die Elektronenstrahlöhre
magnetic field (B-field)	das Magnetfeld (B-Feld)	= vacuum tube	= die Vakuumröhre
(Newton's) law of gravitation	das Gravitationsgesetz	filament	der Glühfaden, die Glühwendel
gravitational field strength	die Gravitationsfeldstärke	ring anode	die Ringanode
Coulomb's law	das Coulombsche Gesetz	electric permittivity ε see chapter 3.1.1	
the electric field strength	die elektrische Feldstärke		

■ Die elektrische Kraft im Vergleich mit der Gravitationskraft

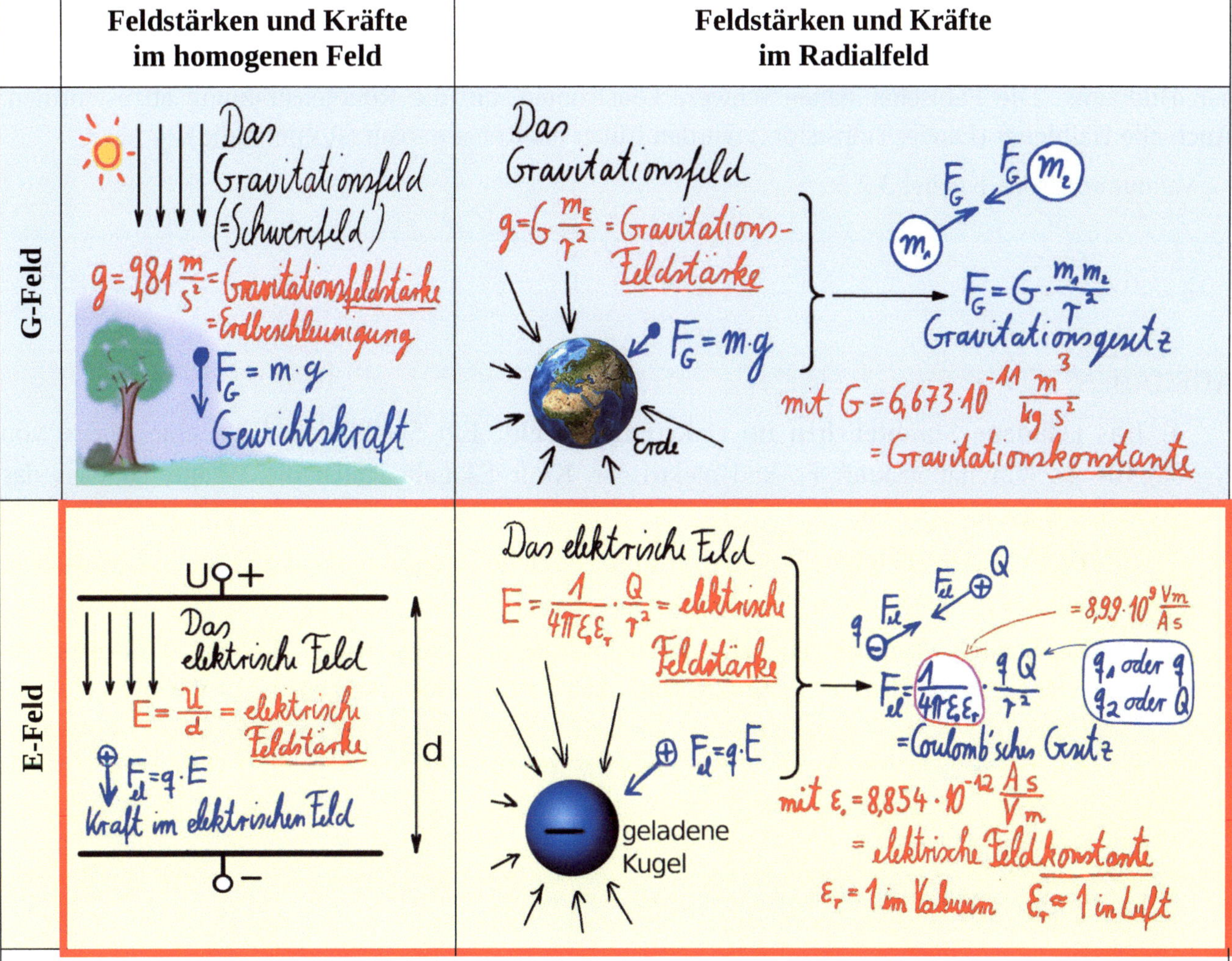

- F_G = Gravitationskraft
- m = Masse
- g = Gravitationsfeldstärke
- G = Gravitationskonstante
  $$G = 6{,}674 \cdot 10^{-11} \frac{m^3}{kg \cdot s^2}$$
- r = Abstand vom Massenschwerpunkt

- F_{el} = elektrische Kraft (=Coulombkraft)
- q = kleine Ladung (auch q_1)
- Q = große Ladung (auch q_2)
- e = q_e = Ladung eines Elektrons
- E = elektrische Feldstärke
- $\varepsilon = \varepsilon_0\, \varepsilon_r$ = absolute Permittivität
  $$\varepsilon_0 = 8{,}854 \cdot 10^{-12} \frac{As}{Vm}$$
- r = Abstand vom Ladungsmittelpunkt

■ **Das Elektron im elektrischen Feld**

Das Bild rechts zeigt, wie **Elektronen** sich in einer Vakuumröhre bewegen. Die **Glühwendel** links lässt durch ihre Hitze Elektronen aus dem Metall austreten. Diese werden zur **Ringanode** hin beschleunigt (schwarzer Kreis mit Loch). Mit hoher Geschwindigkeit fliegt der Elektronenstrahl dann in einen horizontalen Kondensator, der ihn nach oben ablenkt (Coulombkraft).

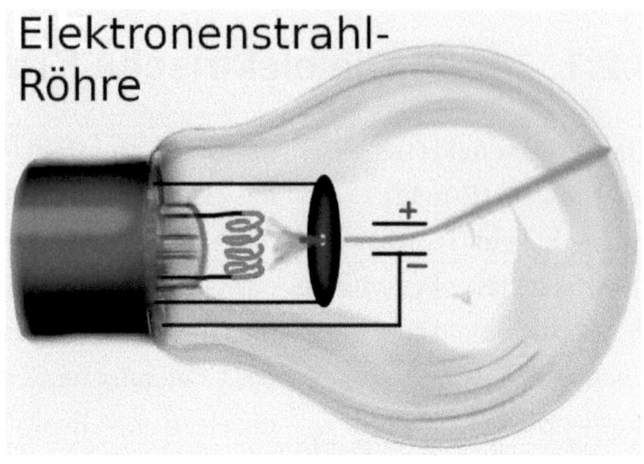

Der Strahl ist zu sehen, weil in der Röhre nicht zu 100% Vakuum ist. Die Elektronen stoßen auf einzelne Gasatome, die dann leuchten (Prinzip der Leuchtstoffröhre).

Solche Röhren werden heute noch verwendet, um <u>Röntgenstrahlen</u> zu erzeugen. Die entstehen, wenn schnelle Elektronen auf eine Metallplatte knallen und stark abgebremst werden (Bremsstrahlung). Früher gab es solche Röhren in <u>Fernsehern</u>. Die Elektronen erzeugen bei jedem Auftreffen einen einzelnen Bildpunkt. Die Fernseher hatten schwere Glasfronten, um die Röntgenstrahlung abzuschirmen. Auch alle Halbleiter (Diode, Transistor..) wurden früher als Röhre gebaut (<u>Röhrenradio</u>).

→ Vakuumröhren s. Kapitel 3.2.5.

AUFGABEN

1. **Das geladene Staubteilchen im elektrischen Feld:** Ein Staubteilchen hat eine Masse von $10^{-7}\,g$. Gravitationskraft F_G und elektrische Kraft F_{el} halten sich die Waage, so dass das Teilchen gerade schwebt.

   a) Die Feldstärke beträgt E =300 V pro mm. Welche Ladung muss das Staubteilchen haben, damit es nicht nach unten fällt?

   b) Das Staubteilchen schwebt jetzt oberhalb einer geladenen Kugel (Ladung 0,05 mAs). In welchem Abstand zum Kugelmittelpunkt beträgt die Feldstärke genau 300 V/mm?

law of conservation of energy	der Energieerhaltungssatz	position energy, positional energy	die Lageenergie
the unit electron volt	die Einheit Elektronenvolt	= potentional energy	= potentielle Energie

■ **Energieerhaltung im elektrischen Feld**

im Gravitationsfeld   **im elektrischen Feld**

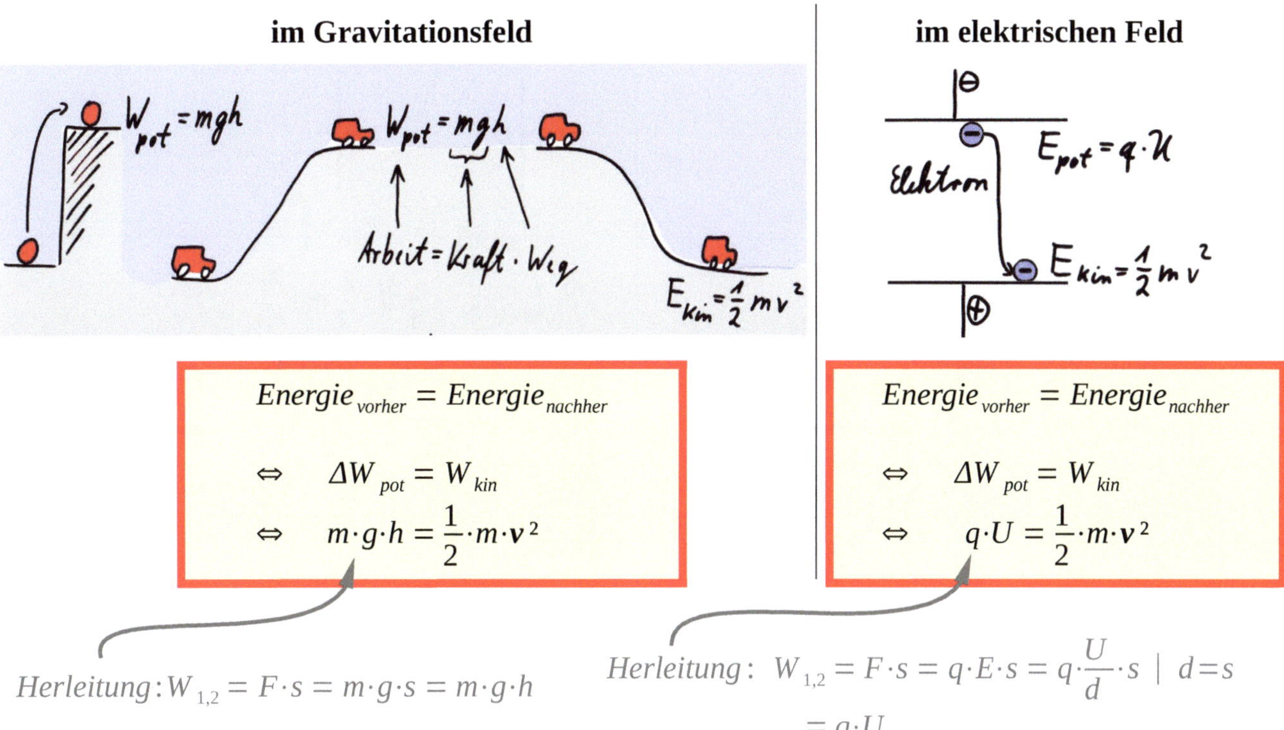

$Energie_{vorher} = Energie_{nachher}$

$\Leftrightarrow \quad \Delta W_{pot} = W_{kin}$

$\Leftrightarrow \quad m \cdot g \cdot h = \frac{1}{2} \cdot m \cdot v^2$

$Energie_{vorher} = Energie_{nachher}$

$\Leftrightarrow \quad \Delta W_{pot} = W_{kin}$

$\Leftrightarrow \quad q \cdot U = \frac{1}{2} \cdot m \cdot v^2$

$$Herleitung: W_{1,2} = F \cdot s = m \cdot g \cdot s = m \cdot g \cdot h$$

$$Herleitung: W_{1,2} = F \cdot s = q \cdot E \cdot s = q \cdot \frac{U}{d} \cdot s \ \mid \ d = s$$
$$= q \cdot U$$

Die Energieeinheit „Elektronenvolt":

In der Teilchenphysik werden oft extrem kleine Energien benötigt. Die Energie, die ein Elektron beim Durchlaufen einer Spannung von einem Volt erhält, heißt „Elektronenvolt".

$$1\,eV = 1 \cdot 1{,}602 \cdot 10^{-19}\,As \cdot V \qquad \mid V = \frac{J}{C}$$
$$= 1{,}602 \cdot 10^{-19}\,As \cdot \frac{J}{C} \qquad \mid C = As$$
$$= 1{,}602 \cdot 10^{-19}\,J$$

■ **Beschleunigung im elektrischen Feld**

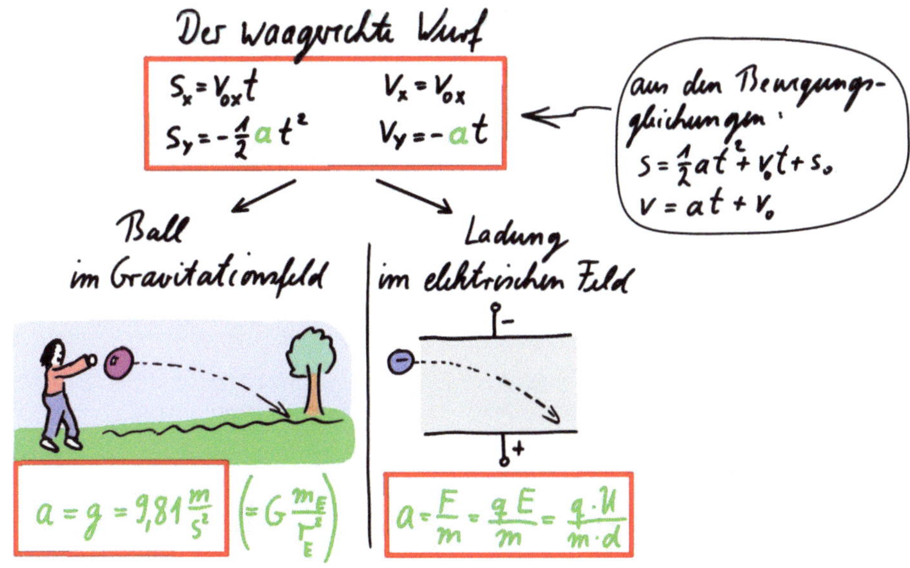

BEISPIEL 1

a) Energieerhaltung im Gravitationsfeld: Ein Auto (m=1200 kg) rollt von einem Berg (h=80m) ins Tal. Welche Geschwindigkeit erreicht es?

LÖSUNG 1a

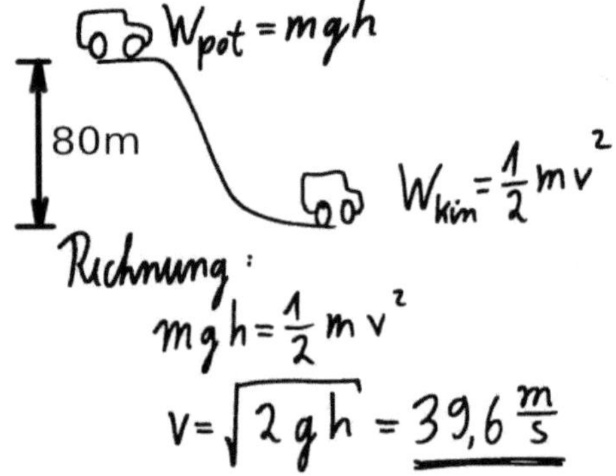

b) Energieerhaltung im elektrischen Feld: Ein Elektron ($q_e = 1{,}602 \cdot 10^{-19}$ As; $m_e = 9{,}109 \cdot 10^{-31}$ kg) wird in einem Kondensator (U = 470V) beschleunigt. Wie schnell wird es?

LÖSUNG 1b

BEISPIEL 2

Energieerhaltung im elektrischen Feld: Ein Elektron wird im Kondensator beschleunigt und erreicht 10% der Lichtgeschwindigkeit. Wie groß ist die Beschleunigungsspannung?
(c_{Licht} = 300.000 km/s; $m_{Elektron}$ = 9,109*10^{-31}kg)

Hinweis zur Lichtgeschwindigkeit: Licht ist eine Welle. Die Geschwindigkeit v_{Licht} ist eine Wellengeschwindigkeit. Für Wellengeschwindigkeiten benutzen wir meistens den Buchstaben c. Für die Lichtgeschwindigkeit gilt: c_{Licht} = 299.800 km/s.

LÖSUNG 2

$$\frac{1}{2} m_e v^2 = q_e U_B$$

$$\Leftrightarrow U_B = \frac{m_e v^2}{2 q_e} = \frac{9{,}109 \cdot 10^{-31} kg \cdot \left(0{,}1 \cdot 3 \cdot 10^8 \frac{m}{s}\right)^2}{2 \cdot 1{,}602 \cdot 10^{-19} C}$$

$$= 2558 \, V$$

BEISPIEL 3

Beschleunigung im elektrischen Feld: Ein Elektron wird im Kondensator beschleunigt mit $a = 10^{14} m\,s^{-2}$. Wie groß ist die Feldstärke E?
($q_{Elektron}$ = e = 1,602*10^{-19} C)

LÖSUNG 3

$$F = m \cdot a$$

$$\Leftrightarrow \boxed{q \cdot E = m \cdot a}$$

$$\Leftrightarrow E = \frac{m_e \, a}{e} = \frac{9{,}109 \cdot 10^{-31} kg \cdot 10^{14} \frac{m}{s^2}}{1{,}602 \cdot 10^{-19} C} \quad | \, q = e^-$$

$$= 568 \frac{N}{C} = 568 \frac{V}{m}$$

AUFGABEN:

1. **Potentielle und kinetische Energie in Feldern.**

   a) **Der Ball (m_{Ball}) im Gravitationsfeld:** Ein Ball (0,5 kg) wird im Gravitationsfeld (g =9,81m/s²) losgelassen und auf 5 m/s beschleunigt.

      - Wie groß ist die kinetische Energie?

      - Aus welcher Höhe ist er gefallen?

   b) **Das Elektron ($e^- = q_e$) im elektrischen Feld:** Aus einem glühenden Draht (Glühwendel) treten Elektronen aus. Ein Elektron ($m_e = 9{,}109*10^{-31}$kg) wird im elektrischen Feld auf 10% der Lichtgeschwindigkeit beschleunigt ($c_{Licht} = 299.800$ km/s).

      - Wie groß ist die kinetische Energie in J und in eV?

      - Wie groß war die Beschleunigungsspannung U_b

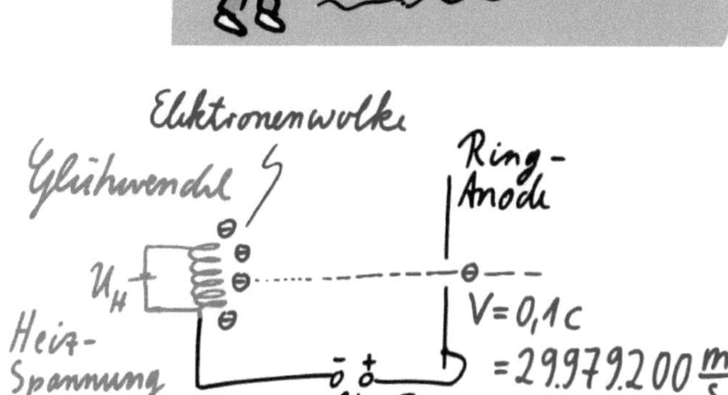

   c) **Das Proton $q_{Proton} = -q_e$) im elektrischen Feld:** Ein Proton wird im elektrischen Feld mit der Beschleunigungsspannung U_b=2000 V beschleunigt.

      Hinweis: Das Proton hat (betragsmäßig) die gleiche Ladung, wie ein Elektron. Protonen und Neutronen bilden den Atomkern. Sie sind viel schwerer, als Elektronen.

      - Welche kinetische Energie hat es in eV und in J

      - Welche Geschwindigkeit erreicht es?

2. **Beschleunigung (Ablenkung bewegter Ladungen im elektrischen Feld):** In einem Kondensator, an dem eine Spannung von 2 kV liegen, wird ein Proton beschleunigt.

   a) Welche Geschwindigkeit erreicht das Proton im Kondensator I?

   b) Das Proton fliegt jetzt waagerecht in einen weiteren Kondensator II mit waagerecht angeordneten Platten (waagerechter Wurf). Wie groß ist die vertikale Beschleunigung in diesem Kondensator, wenn das Proton auf einer horizontalen Strecke von 2 cm um 5 mm nach unten abgelenkt wird?

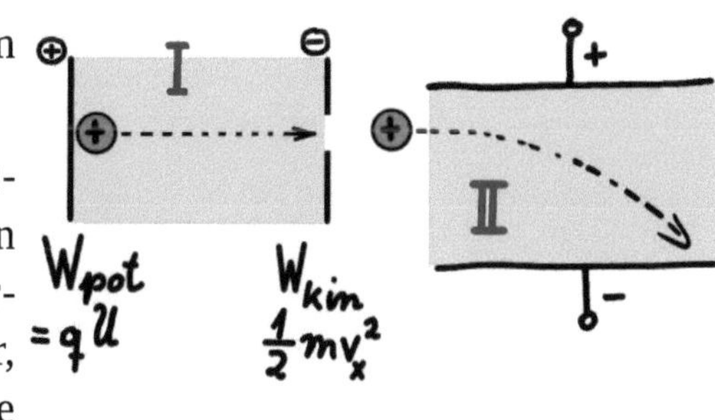

      [Hinweis: Lesen Sie vorher Band 2, Mechanik, Kapitel 3.2 Der Wurf: Vorgehensweise bei Wurfaufgaben".]

   c) Wie groß ist die elektrische Feldstärke in diesem Kondensator? Welche Spannung liegt an, wenn der Plattenabstand d=1 cm beträgt?

   d) Um welchen Winkel wird das Proton insgesamt abgelenkt?

3. **Kräfte** (s. Auch Millikan-Versuch, Kapitel 3.2.4   ): Angenommen, ein einzelnes Wasserstoff-Ion (H^+ Ion) wäre dem Gravitationsfeld der Erde (g=9,81 N/kg) ausgesetzt. Welche Feldstärke müsste ein elektrisches Feld haben, um diese Kraft genau aufzuheben?

4. **Zeitfreie Darstellung für den waagerechten Wurf (Abwurfwinkel α = 0°):** Das Eliminieren von t aus den Bewegungsgleichungen $s_x(t)$ und $s_y(t)$ führt zur zeitfreien Darstellung y(x).

   a) Leiten Sie die zeitfreie Darstellung her für den Ball im Gravitationsfeld.

   Lösung zur Kontrolle: $s_y = \dfrac{-g}{2} \cdot \left(\dfrac{s_x}{v_{0x}} \right)^2$ oder $y = \dfrac{-g}{2} \cdot \left(\dfrac{x}{v_{0x}} \right)^2$.

   b) Leiten Sie die zeitfreie Darstellung her für das Elektron im Kondensator.

   Lösung zur Kontrolle: $s_y = \dfrac{q_e \cdot U}{2\,m_e d} \cdot \left(\dfrac{s_x}{v_{0x}} \right)^2$ oder $y = \dfrac{q_e \cdot U}{2\,m_e d} \cdot \left(\dfrac{x}{v_{0x}} \right)^2$.

3.2.3 Teilchen im Radialfeld

position energy, positonal energy = potentional energy	die Lageenergie = potentielle Energie	ball, sphere in the infinite, at infinity	die Kugel im Unendlichen

- **Gravitationskraft**

Wenn wir zum Mond fliegen und uns immer weiter von der Erde entfernen, dann werden wir immer weniger von der Erde angezogen:

$$F_G = m \cdot g = m \cdot G \cdot \frac{m_{Erde}}{r^2} \,.$$

- **Elektrische Kraft**

Das Gleiche gilt für Ladungen. Ein Proton (positive Ladung) wird immer weniger von der negativen Ladung angezogen, je weiter es sich von ihr entfernt:

$$F_{el} = q \cdot E = q \cdot \frac{1}{4 \, \pi \cdot \epsilon} \cdot \frac{q}{r^2}$$

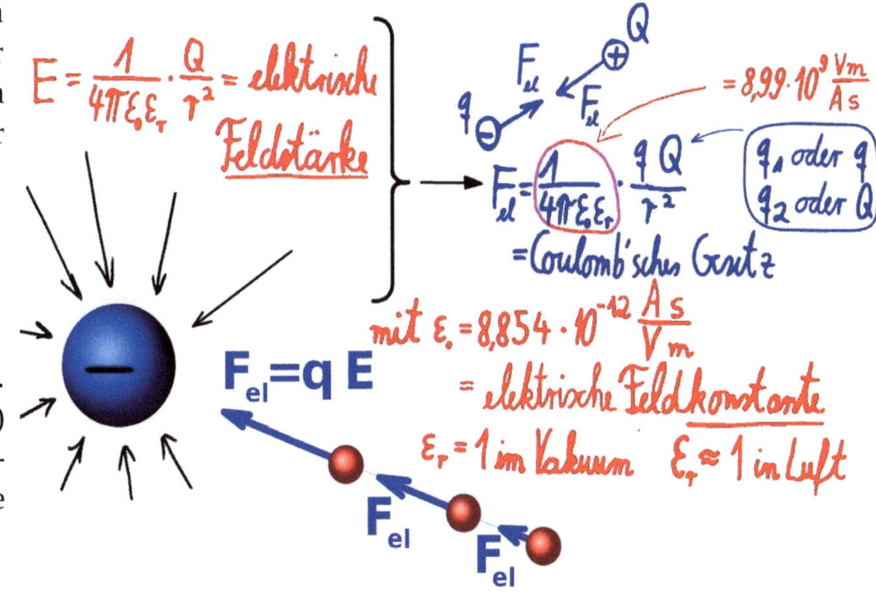

- **Lageenergie**

Die Lageenergie im Radialfeld ist schwieriger zu berechnen, da auf einen Körper an jedem Punkt eine andere Kraft wirkt:

	Gravitationsfeld	**Elektrisches Feld**
Lageenergie im homogenen Feld	$W_{pot,homogen} = m \cdot g \cdot h$ oder $\qquad\quad = m \cdot g \cdot r$ oder	$W_{pot,homogen} = q \cdot U = q \cdot E \cdot d$ oder $\qquad\quad = q \cdot E \cdot r$ oder
Lageenergie im Radialfeld	$W_{pot,radial} = m \cdot \int_{r_1}^{r_2} g(r) \cdot dr$ $\qquad\quad = m \cdot (\varphi_2 - \varphi_1)$ $mit\ g(r) = G \cdot \dfrac{M}{r^2}$	$W_{pot,radial} = q \cdot \int_{r_1}^{r_2} E(r) \cdot dr$ $\qquad\quad = q \cdot (\varphi_2 - \varphi_1)$ $\qquad\quad = q \cdot U$ $mit\ E(r) = \dfrac{1}{4 \cdot \pi \cdot \epsilon} \cdot \dfrac{Q}{r^2}$

Dieses **Integral** heißt <u>Potential φ</u>, wenn es auf das Unendliche bezogen ist: $\varphi = -\int_{\infty}^{r} \ldots \cdot dr$ (s.u.)

Dieses **Integral** heißt <u>Potentialdifferenz</u>, wenn man zwei Punkte vergleicht: $\Delta\varphi = \varphi_2 - \varphi_1 = \int_{r_1}^{r_2} \ldots \cdot dr$

Im elektrischen Fall heißt die Potentialdifferenz auch Spannung U = Δφ.

- m_1 und m_2 oder m und M sind die beiden Massen
- r = Abstand zum Mittelpunkt der Masse oder der Ladung

- q_1 und q_2 oder q und Q sind die beiden Ladungen

■ **Das Potential φ wird immer auf einen Punkt im Unendlichen bezogen**

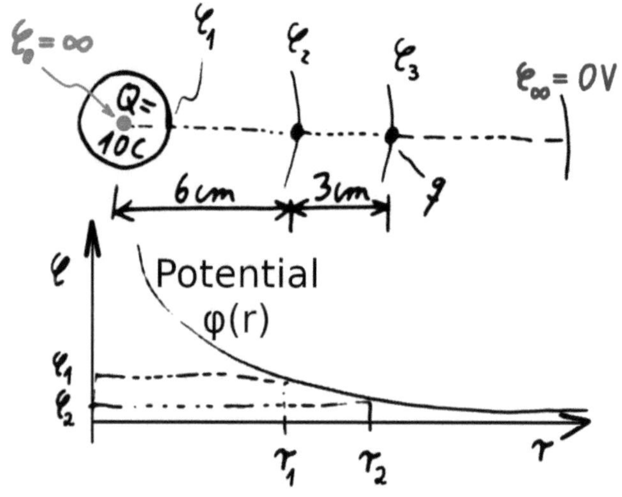

Hinweis: Auf der Erdoberfläche beträgt die Gravitationsfeldstärke

$$g_{Erdoberfläche} = G \cdot \frac{m_{Erde}}{r_{Erde}^2} = 9{,}81\,\frac{m}{s^2}\,.$$

Theoretisch könnte man die Erde als Punktmasse annehmen und sich dieser Punktmasse noch weiter annähern. Rein theoretisch wäre die Gravitationsfeldstärke g bei einem Abstand r=0 von der Punktmasse dann unendlich groß.

$$g_{Erdmitte} = G \cdot \frac{m_{Erde}}{0^2} = \infty$$

Mit dem Wert "Unendlich" können wir aber nicht rechnen. Daher beziehen wir das Potential φ immer auf einen unendlich entfernten Punkt. Dann ergeben sich zwar negative Werte, aber bei Potentialdifferenzen hebt sich das sowieso auf.

$$\varphi(r) = -\int_{\infty}^{r} g(r)\cdot dr = -\int_{\infty}^{r} G \cdot \frac{M}{r^2}\cdot dr$$

AUFGABEN

1. **Lageenergie einer Kugel**

   a) Homogenes Feld: In einem Kondensator (U=2 kV, d=10mm) befindet sich eine negativ geladene Kugel (q = -10⁻⁹C). Die Kugel wird im Feld des Kondensators um 5 mm angehoben (zum negativen Pol hin). Um welchen Beträg ändert sich ihre Lageenergie?

   b) Radialfeld: Eine kleine, geladene Kugel (q=-10⁻⁹ C) befindet sich im Feld einer großen, geladenen Kugel (Q=10⁻⁷ C). Die Kugel wird vom Abstand r_1 =6 cm auf den Abstand r_2 =9 cm angehoben.

   • Um welchen Beträg ändert sich ihre Lageenergie?

   • Nennen Sie die Potentiale φ_1 und φ_2 an den beiden Positionen r_1 und r_2.

   • Welche Geschwindigkeit erreicht die kleine Kugel (m=2 g), wenn sie losgelassen wird und um die drei Zentimeter zurückfällt?

3.2.4 🎓🎓 Der Millikan-Versuch (Bestimmung der Elementarladung)

oil drop, oil droplet	Öltropfen, Öltröpfchen	buoyancy, uplift	der Auftrieb
oil mist, oil dust	Ölnebel	buoyant force	die Auftriebskraft
fog	Nebel	density, mass density	die Dichte
the floating drop, the hovering drop	der schwebende Tropfen	the dynamic viscosity	die dynamische Viskosität

Zur Ermittlung der Elementarladung (=Elektronenladung $q_e = e^-$) werden elektrisch geladene Öltröpfchen mit einer Sprühflasche in einen Kondensator gesprüht. Dort schweben sie (elektrische Kraft nach oben und Gewichtskraft nach unten) und werden mit dem Mikroskop beobachtet. Zunächst bestimmen wir die Tröpfchenladung. Später berechnen wir daraus die Elementarladung:

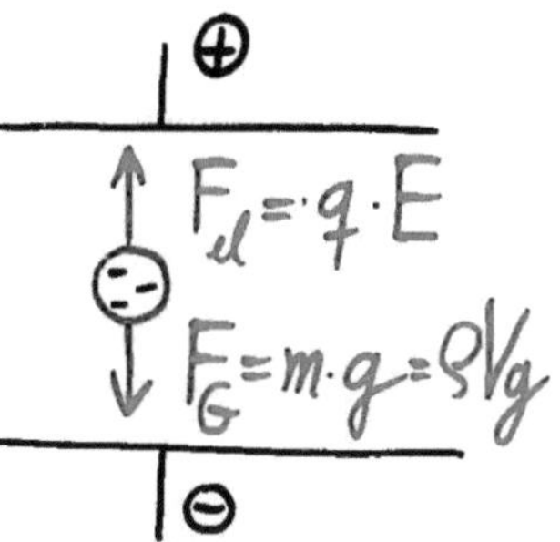

■ Version 1: Bestimmung der Ladung schwebender Tropfen

Die Beobachtung schwebender Tropfen (Gewichtskraft nach unten = elektrische Kraft nach oben) ermöglicht eine einfache, erste Abschätzung der Tröpfchenladung. Die Kondensatorspannung wird dazu so eingestellt, dass der beobachtete Tropfen schwebt.

<table>
<tr><td>

schwebender Tropfen:

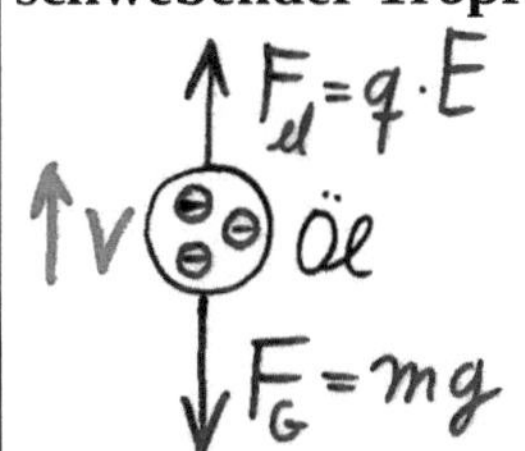

</td><td>

$$F_{el} = F_G$$
$$\Leftrightarrow q \cdot E = m \cdot g$$
$$= \rho \cdot V \cdot g$$
$$\Leftrightarrow q = \frac{\rho \cdot V \cdot g}{E}$$

</td><td>

Schwebende Tropfen haben keine Beschleunigung. Somit gilt Newton I:
Die Summe aller Kräfte ($-F_G + F_{el}$) ist null.

Ölmasse $m = \rho \cdot V$

Ölvolumen (Kugel) $V = \frac{4}{3} \cdot \pi \cdot r^3$

</td></tr>
</table>

- F_{el} = Elektrische Kraft
- F_G = Gewichtskraft des Öltröfpchens
- q = Ladung des Öltröpfchens
- E = U/d = Feldstärke im Kondensator
- m = Masse des Öltropfens

- ρ = Dichte des Öls
- r = Radius des Öltropfens
- V = Volumen des Öltropfens
- v = Geschwindigkeit des Öltropfens
- g = Gravitationsfeldstärke

■ Version 2: Bestimmung der Ladung bewegter Tropfen

Eine genauere Bestimmung der Elementarladung $q_e = e^-$ erreicht man durch die Beobachtung steigender Öltröpfchen bei Berücksichtigung der Luftreibung F_R:

<table>
<tr><td>

steigender Tropfen:

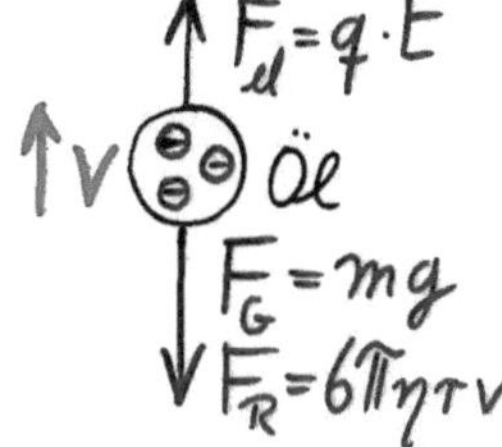

</td><td>

$$F_{el} = F_G + F_R$$
$$\Leftrightarrow q \cdot E = m_{Öl} \cdot g + 6\pi\eta r v$$
$$\Leftrightarrow q = \frac{m_{Öl} \cdot g + 6\pi\eta r v}{E}$$

</td><td>

Gleichförmig bewegte Tropfen haben keine Beschleunigung. Somit gilt Newton I:
Die Summe aller Kräfte ($-F_G - F_R + F_{el}$) ist null.

Die Stokessche Gleichung beschreibt die Reibung eines Tropfens in Luft:

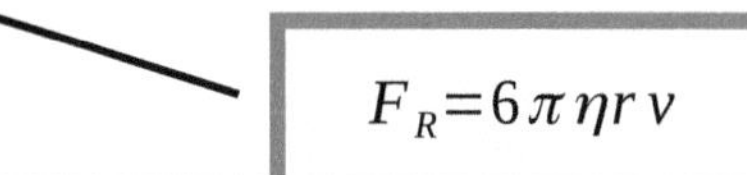

$$F_R = 6\pi\eta r v$$

</td></tr>
</table>

- F_{el} = Elektrische Kraft
- F_G = Gewichtskraft des Öltröfpchens
- F_R = Reibungskraft
- q = Ladung des Öltröpfchens
- E = Feldstärke im Kondensator

- $m = \rho \cdot V_{Kugel}$ = Masse des Öltröpfchens
- ρ = Dichte des Öls
- g = Gravitationsfeldstärke
- η = dynamische Viskosität in Pa s
- r = Öltröpfchenradius
- v = Öltröpfchengeschwindigkeit

- **Version 3: Bestimmung der Ladung bewegter Tropfen unter Berücksichtigung des Auftriebs in Luft (sehr exakte Messergebnisse)**

Zur exakten Bestimmung muss zusätzlich die Auftriebskraft des Öltröpfchens in Luft berücksichtig werden:

Steigender Tropfen:

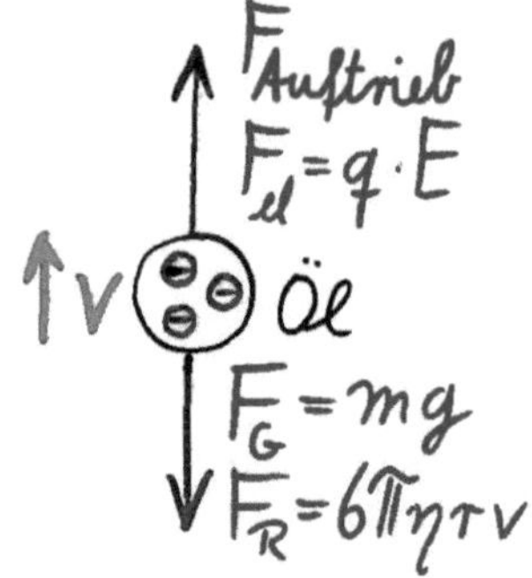

$$F_{el} + F_{Auftrieb} = F_G + F_R$$

$$\Leftrightarrow q \cdot E + m_{Luft} \cdot g = m_{Öl} \cdot g + 6\pi\eta r v$$

$$\Leftrightarrow \quad q = \frac{m_{Öl} \cdot g - m_{Luft} \cdot g + 6\pi\eta r v}{E}$$

Die Auftriebskraft des Öltröpfchens entspricht der Gewichtskraft der verdrängten Luft:

$$F_{Auftrieb} = m_{Luft} \cdot g$$
$$= \rho_{Luft} \cdot V_{Öl} \cdot g$$

- F_{el} = Elektrische Kraft
- F_G = Gewichtskraft des Öltröfpchens
- F_R = Reibungskraft
- $F_{Auftrieb}$ = Auftriebskraft
- q = Ladung des Öltröpfchens
- E = Feldstärke im Kondensator

- $m_{Öl} = \rho_{Öl} \cdot V_{Kugel}$ = Tröpfchenmasse
- $m_{Luft} = \rho_{Luft} \cdot V$ = Luftmasse
- ρ = Dichte des Öls
- g = Gravitationsfeldstärke
- η = dynamische Viskosität in Pa s
- r = Öltröpfchenradius
- v = Öltröpfchengeschwindigkeit

BEISPIEL (Tafelfoto aus dem Unterricht)

gegeben:

$$\rho_{Öl} = 881 \frac{kg}{m^3}; \quad \rho_L = 1{,}29 \frac{kg}{m^3}$$

$$V = \frac{4}{3}\pi r^3 = \frac{4}{3}\pi\left(1{,}3 \cdot 10^{-5} m\right)^3 = 9{,}2 \cdot 10^{-15} m^3$$

$$g = 9{,}81 \frac{m}{s^2}; \quad \eta = 1{,}82 \cdot 10^{-5} \frac{Ns}{m^2}$$

$$r = 1{,}3 \cdot 10^{-5} m ; \quad E = \frac{U}{d} = \frac{80 V}{2{,}5 \cdot 10^{-3} m} = 32 \frac{kV}{m}$$

$$V = \frac{s}{t} = \frac{0{,}93 mm}{13{,}35 s} = 6{,}966 \cdot 10^{-5} \frac{m}{s}$$

Berechnen Sie die Ladung des Öltröpfchens.

$$q E + \rho_L V g = \rho_{Öl} V g + 6\pi\eta r v$$

$$\Leftrightarrow q = \left[\left(\rho_{Öl} - \rho_L\right)V g + 6\pi\eta r v\right]\frac{1}{E}$$

$$q = 2{,}49 \cdot 10^{-15} C$$

Sorry, die Whiteboards in der Schule sind so klein.

- **Richtung der Reibungskraft**

Die Reibungskraft zeigt immer gegen die Bewegungsrichtung!!

- Bei steigenden Öltröpfchen zeigt die Reibungskraft nach unten.
- Bei fallenden Öltröpfchen zeigt die Reibungskraft nach oben.

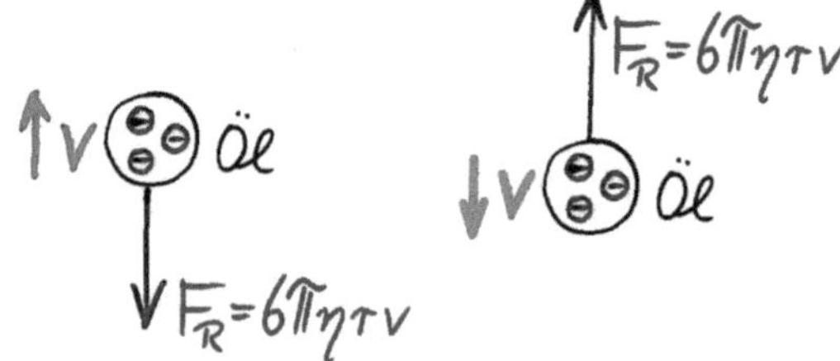

■ Bestimmung der Elementarladung aus der Tröpfchenladung

Im Jahr 1910 wurde dieses Experiment von den amerikanischen Physikern Robert Andrews Millikan und Harvey Fletcher erfolgreich durchgeführt. Sie stellten fest, dass in den Öltröpfchen nur ganzzahlige Vielfache einer Elementarladung vorkamen. Zur Bestimmung einer Elementarladung mussten also nur die Ladungen zahlreicher Tröpfchen gemessen werden. Es existieren ausschließlich diskrete Ladungen. Deren Abstand ist jeweils die Elementarladung q_e oder e^-. Aus dem Experiment folgt: **$q_e = e = 1.6021766 \cdot 10^{-19}$ C.**

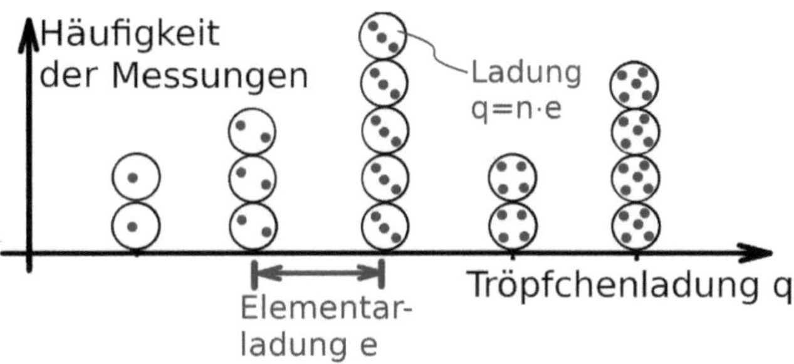

• q = Ladung eines Öltröpfchens	• n = Anzahl der Elektronen
	• e = Elementarladung = q_e

■ Reibung in Luft

Luftreibung bremst nicht nur Fallschirmspringer, sondern auch Öltröpfchen. Der Luftwiderstand eines Tropfens wird mit der Stokesschen Gleichung berechnet. Der Luftwiderstand eines Autos wird mit der Strömungswiderstandskraft aus dem c_W-Wert berechnet:

Stokessche Gleichung für Tropfen		Strömungswiderstandskraft mit c_W-Wert, z.B. für Autos	
$F = 6 \cdot \pi \cdot \eta \cdot r \cdot v$	$\eta = dynamische\ Viskosität$ $r = Kugelradius$ $v = Geschwindigkeit$	$F_W = \frac{1}{2} \cdot c_W \cdot \rho \cdot v^2 \cdot A$	$c_W = Widerstandsbeiwert$ $\rho = Dichte\ des\ Gases$ $v = Geschwindigkeit$ $A = Projektionsfläche\,(Querschnitt)$

AUFGABEN

1. **Verständnisfragen und Berechnung der Ladung eines Öltröpfchens:** Betrachtet werden soll ein ruhender, geladener Öltropfen im Millikan-Versuch.

   a) Skizzieren Sie diesen Tropfen mit den drei wirkenden Kräften. Nennen Sie die entsprechenden Formeln zur Berechnung der Kräfte.

   b) Welche Größe kann mit Hilfe des Millikan-Versuchs direkt bestimmt werden?

   c) Welche Naturkonstante soll beim Millikanversuch bestimmt werden und wie wird diese Naturkonstante aus den diversen Messergebnissen bestimmt?

2. **Millikan-Versuch:** Bestimmung der Elementarladung. Durchgeführt wird der Millikan-Versuch mit 10 verschiedenen Öltropfen. Die Tabelle enthält die 10 Messergebnisse für die verschiedenen Tropfen.

	q_1	q_2	q_3	q_4	q_5	q_6	q_7	q_8	q_9	q_{10}
Ladung in 10^{-20} As	64,1	48,0	64,0	32	48,1	48,05	32,1	96,1 (max.)	80,2	48,1

Tragen Sie die Messergebnisse in ein Diagramm ein (Horizontale Achse: Ladung q; Vertikale Achse: Anzahl der Treffer). Lesen Sie aus Ihrem Diagramm die Elementarladung q_e ab und erklären Sie Ihre Vorgehensweise.

3. **Millikan-Versuch mit bewegten Ladungen:**

a) Ein Fallschirmspringer fällt mit einer konstanten Geschwindigkeit nach unten. Begründen Sie, warum die Sinkgeschwindigkeit konstant ist. Vergleichen Sie das mit der Bewegung eines fallenden Öltröpfchens. Benutzen Sie in der Beschreibung die Begriffe "Kräftegleichgewicht" und "Reibungskraft" (Luftreibung nach Stokes).

b) Skizzieren Sie einen nach unten bewegten und einen nach oben bewegten Öltropfen mit allen wirkenden Kräften (Gewichtskraft, Auftriebskraft, Reibungskraft $F_R = 6 \cdot \pi \cdot \eta \cdot r \cdot V$, elektrische Kraft). Wichtig: In welche Richtung wirken die Kräfte jeweils?

c) Kann es sein, dass in einem Experiment gleichzeitig ein Tropfen nach unten wandert, während ein anderer Tropfen nach oben wandert? Begründen Sie.

d) Ein Öltröpfchen mit der Masse $m_{Öl} = 2,4 \cdot 10^{-15}$ kg hat den Radius $r = 8,45 \cdot 10^{-4}$ mm.

   - Nennen Sie die Dichte des verwendeten Öls in Kilogramm pro Liter.

   - Berechnen Sie, mit welcher Geschwindigkeit der Tropfen in Luft sinkt, wenn kein elektrisches Feld vorhanden ist.

     Dichte der Luft: $\rho_{Luft} = 1,204$ kg/m³; Dynamische Viskosität von Luft: $\eta = 18,2 \, \mu$ Pa s

e) Bei einem der Experimente mit nach oben bewegten Tröpfchen wurden anhand der Auswertung von Filmaufnahmen mit dem Mikroskop folgende Daten ermittelt:

   Plattenabstand d = 2 mm; Spannung U = 41 kV; Dichte des Öls: $\rho_{Öl} = 0,850$ kg/Liter; Dichte der Luft: $\rho_{Luft} = 1,204$ kg/m³; Tröpfchendurchmesser = 0,11 mm; Tröpfchengeschwindigkeit = 0,042 mm/s; Dynamische Viskosität von Luft: $\eta = 18,2 \, \mu$ Pa s.

   Wie groß ist die Ladung des Tropfens, wenn sich der Tropfen mit 0,42 mm/s nach oben bewegt?

f) Ein Tröpfchen mit drei Elementarladungen hat eine Masse $m = 2,4 \cdot 10^{-15}$ kg. Es sinkt um einen Zentimeter nach unten.

   - Welche Spannung durchläuft das Tröpfchen, wenn die Platten 4 cm Abstand haben und 200 V anliegen?

   - Um welchen Betrag ändert sich die elektrische Lageenergie $E_{pot,el} = q \cdot U$ des Tropfens?

   - Um welchen Betrag ändert sich die mechanische Lageenergie E_{pot} des Tropfens?

3.2.5 🎓🎓 Elektronenröhren

electron tube, vacuum tubes	die Elektronenröhre, die Vakuumröhre	diode tube	die Röhrendiode
electron-beam tube	die Elektronenstrahlröhre	Braun tube	die Braunsche Röhre
(coiled) filament	der Glühfaden, die Glühwendel	(=cathode ray tube)	(=Kathodenstrahlröhre)
ring anode	die Ringanode	X-ray tube	die Röntgenröhre
deflection capacitor	der Ablenkkondensator	tube amplifier	der Röhrenverstärker

Anwendung: Elektronenröhren oder Vakuumröhren sind Glaskolben, in denen Elektronen beschleunigt werden. Früher gab es viele Anwendungen, wie den alten <u>Röhrenfernseher</u>. Auch in alten <u>Verstärkern</u> oder <u>Radios</u> waren Röhren zu finden. Mit Ausnahme der <u>Röntgenröhre</u> sind heute alle Röhren aus modernen Geräten verschwunden und durch preiswerte Halbleiter ersetzt worden.

Funktionsprinzip: Aus einer heißen **Glühwendel** treten Elektronen aus. Sie werden zur positiven **Ringanode** hin beschleunigt. Manche Elektronen gelangen durch das Loch in der Ringanode und bilden den **Elektronenstrahl**. Je nach Röhre gelangt der Elektronenstrahl dann z.B. durch einen Ablenkkondensator (Oszilloskop), oder ein Magnetfeld (Röhrenfernseher, Braunsche Röhre).

Gefahr: Wenn stark beschleunigte Elektronen plötzlich gebremst werden, dann wird ihre Bewegungsenergie als Röntgenstrahlung (Bremsstrahlung) freigesetzt. Dieser Effekt ist eigentlich nur in Röntgengeräten erwünscht. Unfälle mit versehentlich freigesetzter Röntgenstrahlung gab es beispielsweise bei Radargeräten der nationalen Volksarmee der DDR (Deutsche, Demokratische Republik: Diktatur in Ostdeutschland von 1949-1990). Statt der harmlosen Radarstrahlung wurden versehentlich gefährliche Röntgenstrahlen freigesetzt. (Hinweis: Gefährlich sind alle Wellenlängen unterhalb 400 nm, weil sie Atome ionisieren und damit z.B. Krebs erzeugen können).

Beispiele:

Die Röhrendiode 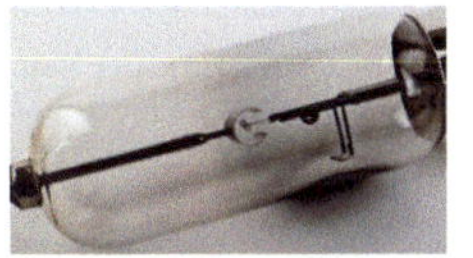	Die Braunsche Röhre =Kathodenstrahlröhre z.B. alter Fernseher
Eine Diode ist eine Einbahnstraße für Elektronen. Heute werden Dioden aus dotiertem Silizium hergestellt. Die Abbildung zeigt eine alte Röhren-Diode:	Elektronen-Ablenkröhren erzeugen einen Elektronenstrahl, der in einem magnetischen Feld (z.B. alter Fernseher) oder einem elektrischen Feld (z.B. altes Oszilloskop) abgelenkt wird (s. auch Kapitel 3.2.2, Nr. 2).
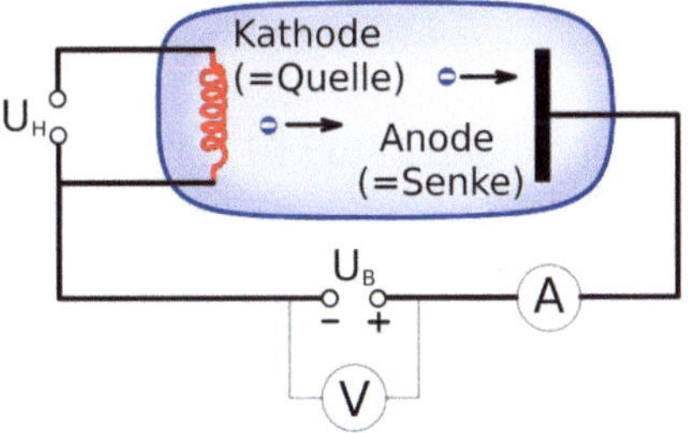	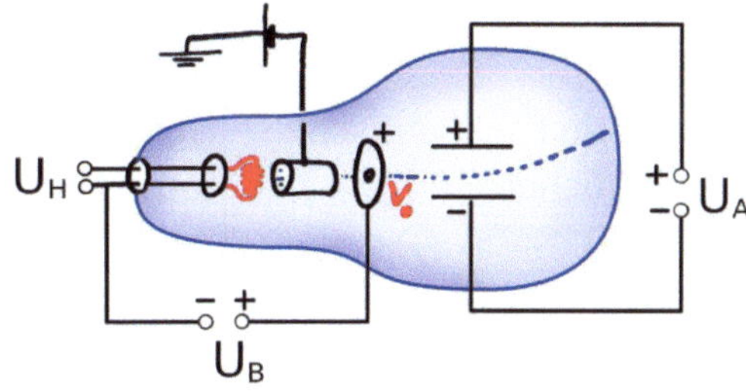
Die Heizspannung U_H erhitzt den Glühfaden und lässt Elektronen austreten. Die Beschleunigungsspannung U_B beschleunigt die Elektronen zum Pluspol (= Ringanode). Anode siehe Kapitel 3.2.6.	
Der Strom fließt nicht, wenn die Beschleunigungsspannung umgedreht wird: Auf der rechten Seite ist kein Glühdraht und die Elektronen können hier nicht austreten.	Der Wehnelt-Zylinder bündelt die Elektronen zu einem dünnen Strahl. Die Ablenkspannung U_A lenkt den Elektronenstrahl in die gewünschte Richtung ab.

1. **Das Elektron im elektrischen Feld:** Rechts abgebildet ist eine Elektronenstrahlröhre.

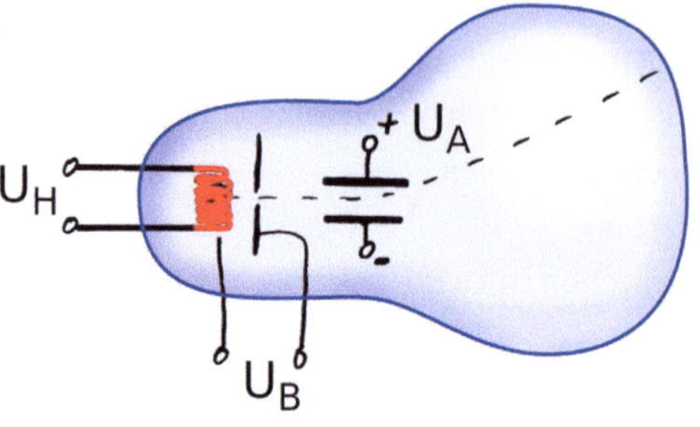

a) Beschreiben Sie die Funktion der drei Spannungen U_H, U_B und U_A. Welchen Einfluss haben diese Spannungen auf die Bewegung der Elektronen?

b) Die Beschleunigungsspannung beträgt $U_B = 2$ kV. Welche Geschwindigkeit v_{0x} erreichen die Elektronen?

Der Ablenkkondensator hat eine Breite von b=1,5 cm und die Platten haben einen Abstand von d=4 mm. Die Elektronen gelangen mittig in den Kondensator.

c) x-Richtung: Berechnen Sie die Durchlaufzeit der Elektronen durch den Ablenkkondensator.

d) y-Richtung: Wie groß muss die Spannung im Ablenkkondensator sein, damit die Elektronen exakt an der rechten oberen Ecke des Kondensators auftreffen?

- Berechnen Sie zuerst die erforderliche Beschleunigung a_y, damit die Elektronen in der gegebenen Zeit um 2mm nach oben fliegen.

- Berechnen Sie jetzt die erforderliche Spannung.

e) Erläutern Sie kurz die Parallelen zwischen dem waagerechten Wurf eines Balls und dem waagerechten Wurf eines Elektrons in einen Kondensator: Welche Kräfte wirken? Wie verändern sich jeweils die Geschwindigkeiten v_x und v_y? Welche Flugbahn wird beschrieben?

3.2.6 🎓🎓 Anode und Kathode

Tipp für die Schule: Die Anode heißt mal Pluspol, mal Minuspol. Deshalb ist es einfacher, direkt Pluspol und Minuspol zu sagen. Das ist der Anode eigentlich auch egal. Nur dem Lehrer nicht.

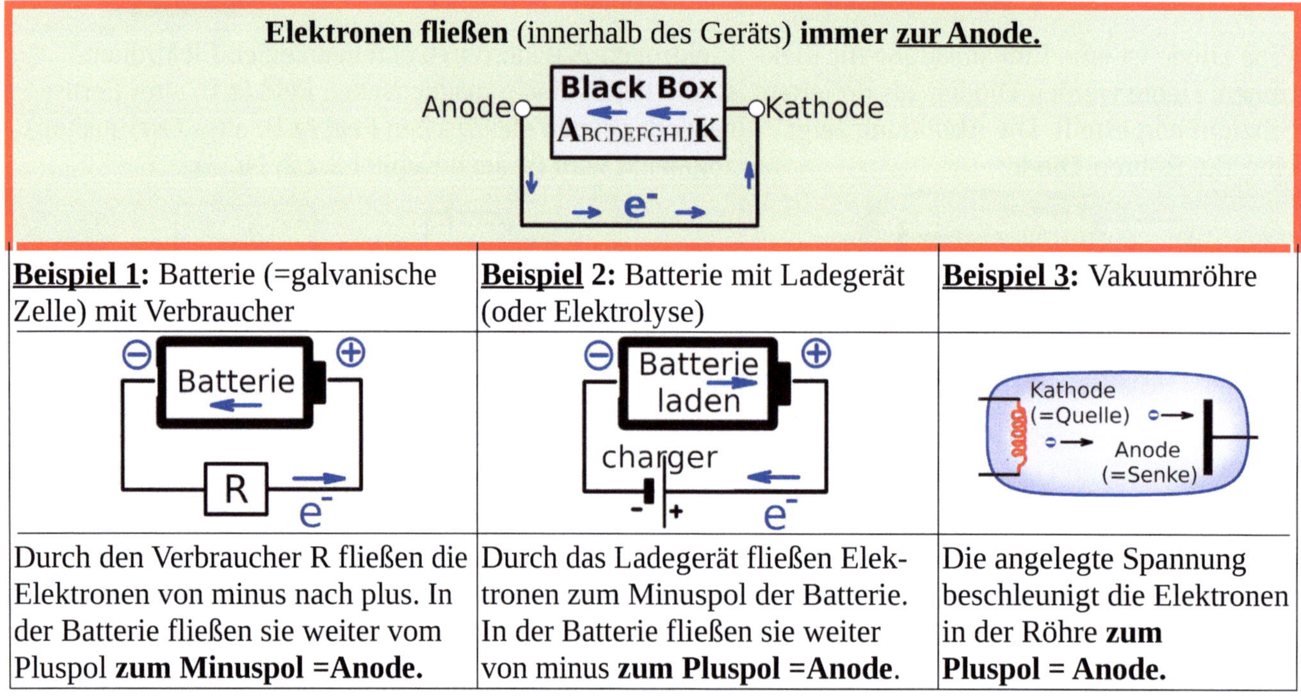

Beispiel 1: Batterie (=galvanische Zelle) mit Verbraucher	Beispiel 2: Batterie mit Ladegerät (oder Elektrolyse)	Beispiel 3: Vakuumröhre
Durch den Verbraucher R fließen die Elektronen von minus nach plus. In der Batterie fließen sie weiter vom Pluspol **zum Minuspol =Anode.**	Durch das Ladegerät fließen Elektronen zum Minuspol der Batterie. In der Batterie fließen sie weiter von minus **zum Pluspol =Anode.**	Die angelegte Spannung beschleunigt die Elektronen in der Röhre **zum Pluspol = Anode.**

3.3 Aufgaben

1. **Schwebende Styroporkugel im E-Feld:** Eine geladene Styroporkugel (m =1 Gramm) befindet sich im Gravitationsfeld (g=9,81 m/s²).

   a) Wie groß ist die Gravitationskraft, mit der die Kugel nach unten gezogen wird?

   b) Gleichzeitig existiert auch ein elektrisches Feld (E =15 kV/m). Die elektrische Kraft wirkt der Gravitationskraft entgegen, so dass die Kugel gerade schwebt. Wie groß muss die Ladung der Kugel sein?

   c) Die Ladung der Kugel wird jetzt verdoppelt. Mit welcher Beschleunigung a bewegt sich die Kugel (im reibungsfreien Fall) nach oben?

2. **Schwebender Wattebausch im E-Feld:** Eine Metallkugel (Kugel1) hat eine negative Ladung q= -10⁻⁶ C. 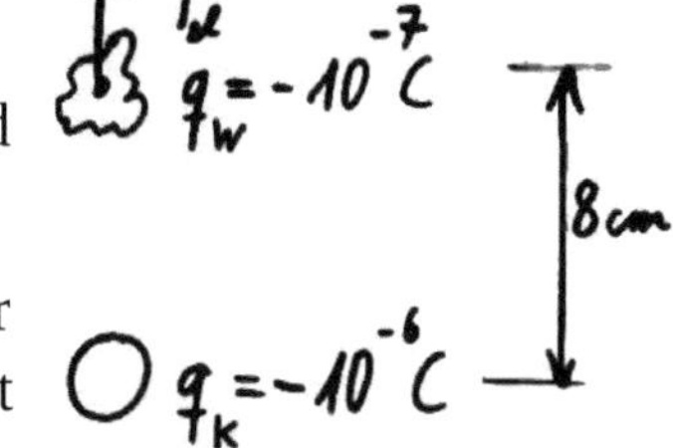

   a) Wie groß ist die Stärke des elektrischen Feldes in einem Abstand von 8 cm zur Kugel?

   b) Für ein Demonstrations-Experiment soll jetzt 8 cm über der Kugel ein Wattebausch (q= - 10⁻⁷ C) zum Schweben gebracht werden. Wie viel Gramm darf dieser Wattebausch wiegen?

   Die Ladung in der Metallkugel (Kugel K1) ist zunächst gleichförmig verteilt. Unter diese Kugel wird jetzt eine weitere Kugel gehalten (Kugel K2), die genau so geladen ist.

   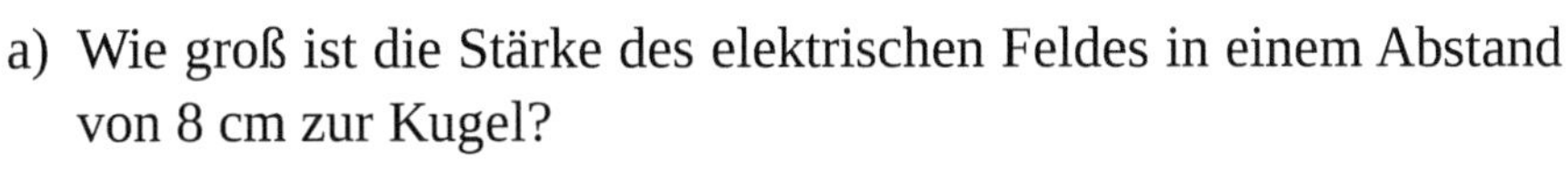

   c) Skizzieren Sie die beiden Kugeln K1 und K2 inklusive einiger Ladungsträger und beschreiben Sie, wie sich die Ladungen in den Kugeln jetzt verteilen. Erklären Sie den Begriff „Influenz".

   d) Zeichnen Sie qualitativ den Verlauf der Feldlinien zwischen den beiden Kugeln.

   e) Hat diese Influenz Auswirkungen auf den Wattebausch?

3. **Ladungen im Feld:** In einer Vakuumröhre fliegt ein Elektron waagerecht mit der Geschwindigkeit 25.000 m/s in einen waagerechten Kondenstor (Länge s =2 cm; Feldstärke E =1500 V/m) und wird dabei nach unten abgelenkt (waagerechter Wurf).

   a) Berechnen Sie, wie lange das Elektron durch diesen Kondensator fliegt.

   b) Welche elektrische Kraft wirkt im Kondensator auf das Elektron und wie groß ist entsprechend die vertikale Beschleunigung des Elektrons?

   c) Welche Geschwindigkeiten v_x und v_y hat das Elektron hinter dem Kondensator?

   d) In welchem Winkel zur Horizontalen fliegt das Elektron jetzt?

4. **Protonen im elektrischen Feld:** In einem Versuchslabor sollen Protonen beschleunigt werden.

a) Wie groß ist die kinetische Energie der Protonen, wenn sie eine Geschwindigkeit von 4.000.000 m/s erreichen?

b) Wie groß muss die Spannung in einem Beschleunigungskondensator sein, um die Protonen auf diese Geschwindigkeit zu beschleunigen?

c) Der Beschleunigungsweg beträgt 3 cm.

   - Berechnen Sie die Beschleunigung a der Protonen.

   - Wie lange dauert die Beschleunigung?

d) Die Protonen fliegen nach der Beschleunigung durch einen 8 cm langen Ablenkkondensator. Wie lang ist die Durchflugzeit?

e) Vertikale Beschleunigung

   - Wie groß ist die vertikale Beschleunigung, wenn das Proton im Ablenkkondensator um 3mm nach unten abgelenkt wird?

   - Welche Feldstärke muss dieser Kondensator haben?

4 Widerstände und Kondensatoren

4.1 Der Widerstand

Zur Bestimmung eines Widerstands werden Strom und Spannung gemessen. Der Widerstand wird dann nach dem Ohmschen Gesetz berechnet: R = U / I (s. Kapitel 2.1.2)

4.1.1 🎓🎓 Der Farbcode des Widerstands

restistor	der Widerstand (Bauteil)	the color code	der Farbcode
resistance	der Widerstand (Eigenschaft)	the penultimate ring	der vorletzte Ring
the resistance of the resistor	der Widerstand des Widerstands	capacitor	der Kondensator

	Ring 1	Ring 2	(Ring)	Ring 3	Ring 4
	Ziffer			Faktor	Toleranz
silber				0,01	± 10%
gold				0,1	± 5%
schwarz	0	0	0	1	
braun	1	1	1	10	± 1%
rot	2	2	2	100	± 2%
orange	3	3	3	k	
gelb	4	4	4	10k	
grün	5	5	5	100k	± 0,5%
blau	6	6	6	M	± 0,25%
violett	7	7	7	10M	± 0,1%
grau	8	8	8	100M	± 0,05%
weiß	9	9	9		

Die Größe eines Widerstands (in Ohm) wird mit Hilfe von Farbringen auf dem Widerstand dargestellt:

- Die linken zwei bis drei Ringe geben die Ziffern des Widerstandswerts an.
- Der vorletzte Ring gibt an, wie viele Nullen hinter die Ziffern kommen.
- Der rechte Ring stellt die Toleranz dar.

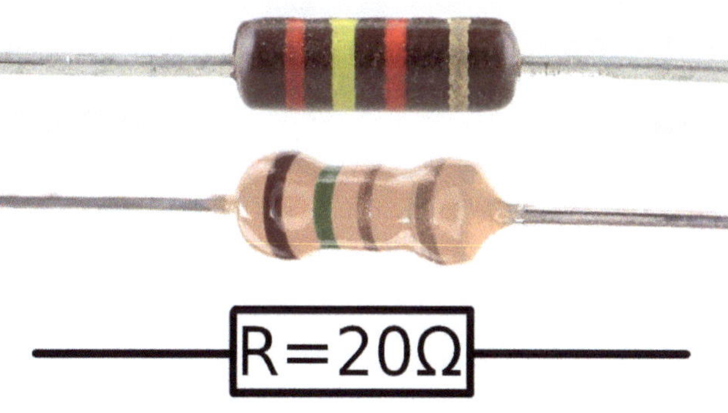

AUFGABEN

1. Oben rechts sind zwei Widerstände abgebildet: Rot, gelb, rot, gold und braun, grün, gold, gold.

   a) Nennen Sie jeweils die Größe und die Toleranz der beiden Widerstände.

   b) Welche Farbringe hat ein Widerstand mit 40kΩ und 5% Toleranz?

Composite resistors	zusammengesetzte Widerstände	capacitor	der Kondensator
parallel connection	die Parallelschaltung	spring	die Feder
series connection	die Reihenschaltung		

■ Reihenschaltung und Parallelschaltung von Widerständen

	Widerstände $\quad$ Widerstand $R = \dfrac{U}{I}$ in Ω	Kondensatoren $\quad$ Kapazität $C = \dfrac{Q}{U}$ in $\dfrac{C}{V}$ $\quad$ s. Kapitel 4.2.3	Federn $\quad$ Federkonstante $D = \dfrac{F}{s}$ in $\dfrac{N}{cm}$ $\quad$ s. Band 2, Mechanik
Reihen-schaltung	$R_{ges} = R_1 + R_2$	$\dfrac{1}{C_{ges}} = \dfrac{1}{C_1} + \dfrac{1}{C_2}$	$\dfrac{1}{D_{ges}} = \dfrac{1}{D_1} + \dfrac{1}{D_2}$
Parallel-schaltung	$\dfrac{1}{R_{ges}} = \dfrac{1}{R_1} + \dfrac{1}{R_2}$	$C_{ges} = C_1 + C_2$	$D_{ges} = D_1 + D_2$

BEISPIEL
Ermitteln Sie den Gesamtwiderstand, den die fünf identischen Einzelwiderstände insgesamt haben:

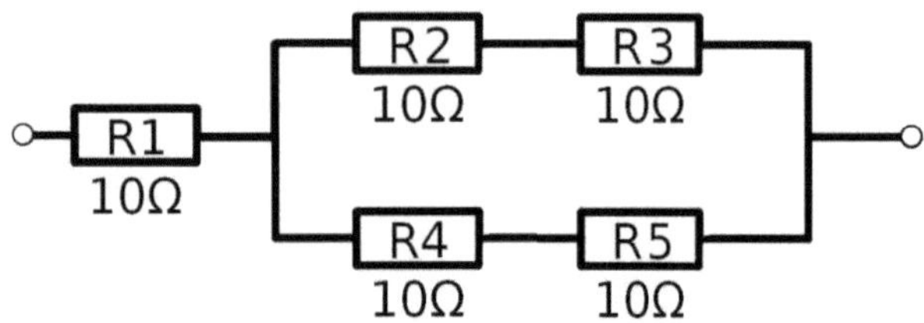

LÖSUNG

$R_{23} = R_2 + R_3 = 20\,\Omega$

$R_{45} = R_4 + R_5 = 20\,\Omega$

$\dfrac{1}{R_{2345}} = \dfrac{1}{R_{23}} + \dfrac{1}{R_{45}}$

$\Leftrightarrow R_{2345} = \dfrac{1}{\dfrac{1}{R_{23}} + \dfrac{1}{R_{45}}} = \dfrac{1}{\dfrac{1}{20\,\Omega} + \dfrac{1}{20\,\Omega}} = 10\,\Omega$

$R_{gesamt} = R_1 + R_{2345} = 20\,\Omega$

Hinweis:
Die Formel für die Parallelschaltung von Widerständen kann auch umgestellt werden:

$\dfrac{1}{R_{gesamt}} = \dfrac{1}{R_1} + \dfrac{1}{R_2}$ $\quad$ | Kehrwert

$\Leftrightarrow R_{gesamt} = \dfrac{1}{\dfrac{1}{R_1} + \dfrac{1}{R_2}}$ $\quad$ | gleichnamig machen

$\Leftrightarrow R_{gesamt} = \dfrac{1}{\dfrac{R_2}{R_1 \cdot R_2} + \dfrac{R_1}{R_1 \cdot R_2}}$ $\quad$ | addieren

$\Leftrightarrow R_{gesamt} = \dfrac{1}{\dfrac{R_1 + R_2}{R_1 \cdot R_2}}$ $\quad$ | Kehrwert

$\Leftrightarrow R_{gesamt} = \dfrac{R_1 \cdot R_2}{R_1 + R_2}$

1. **Ohmsche Widerstände im Stromkreis:** Gegeben ist die rechts abgebildete Schaltung.

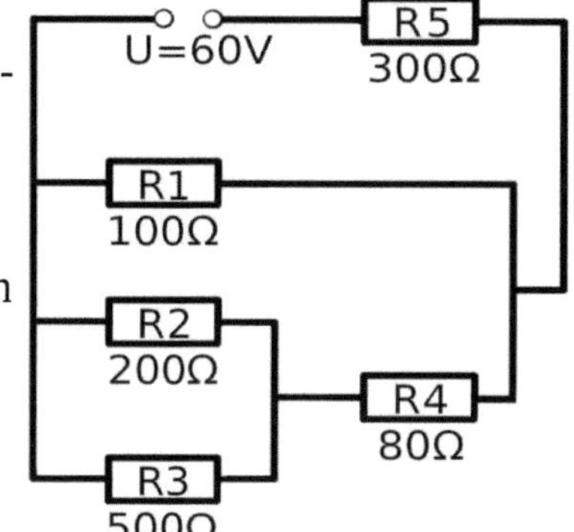

   a) Wie groß ist der Gesamtwiderstand der kompletten Schaltung?

   b) Eine Spannung U =12 V wird angelegt. Welcher Strom fließt jetzt?

   c) Berechnen Sie die Teilspannungen U_1, U_2 und U_3, die an den einzelnen Widerständen anliegen

   d) Berechnen Sie die Teilströme I_1, I_2, I_3, die durch die einzelnen Widerstände fließen.

2. **Zusammengesetzte Widerstände:** Gegeben ist die abgebildete Schaltung.

   a) Berechnen Sie den Gesamtwiderstand.

   b) Wie groß ist der fließende Strom jeweils in den einzelnen Widerständen?

   c) Welche Spannung liegt über dem Widerstand R_2?

3. **Ohmsches Gesetz:** In einem elektrischen Schaltkreis sind vier Widerstände miteinander verschaltet (s. Bild). Berechnen Sie die Größe des Widerstands R_1.

4.1.3 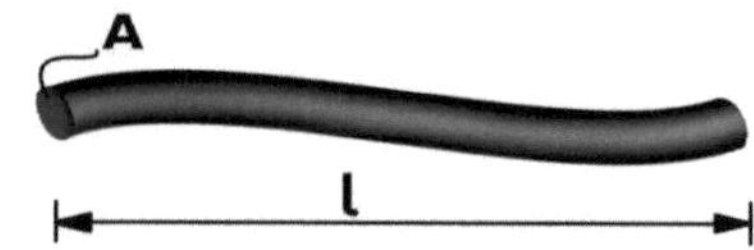 Spezifischer Widerstand und Leitfähigkeit

specific resistance of the conductor	der spezifische Widerstand des Leiters	raw material	der Werkstoff
conductivity	die Leitfähigkeit	iron	das Eisen
Cross-section	der Querschnitt, die Querschnittsfläche	aluminium	das Aluminium
temperature coefficient	der Temperaturkoeffizient	copper	das Kupfer
(light) bulb, incandescent lamp	die Glühlampe		

Der Widerstand eines elektrischen Leiters:

$$R = \rho \cdot \frac{l}{A}$$

ϱ = spezifischer Widerstand. Der Widerstand steigt mit dem spezifischen Widerstand.
l = Länge des Leiters. Der Widerstand steigt mit der Länge l
A = Querschnitt des Leiters. Der Widerstand sinkt mit dem Querschnitt A
T = Temperatur des Leiters. Der Widerstand hängt ab von der Temperatur T (oder ϑ).

Die Glühlampe hat einen hohen Einschaltstrom. Nach dem Einschalten wird sie heiß, ihr Widerstand steigt und der Strom wird kleiner.

Der spezifischer Widerstand ρ:

Die Tabelle rechts zeigt den spezifischen Widerstand ρ einiger Werkstoffe.

Die spezifische Leitfähigkeit σ:

Für die spezifische Leitfähigkeit gilt:

$$Leitfähigkeit\ \sigma = \frac{1}{\rho}$$

$$in\ \frac{m}{\Omega \cdot mm^2}\ oder\ in\ \frac{1}{\Omega \cdot m}$$

Der Temperaturkoeffizient α_0:

Mit Hilfe des Temperaturkoeffizienten α_0 kann man den Widerstand R bei einer bestimmten Temperatur T berechnen, wenn man den Widerstand bei Raumtemperatur T_0 kennt:

$$R(T) = R(T_0) \cdot (1 + \alpha_{T0} \cdot (T - T_0))$$

Werkstoff	Spezifischer Widerstand in $\frac{\Omega \cdot mm^2}{m}$
Aluminium	0,0265
Eisen	0,10...0,15
Gold	0,02214
Konstantan	0,5
Kupfer	0,01721
Wolfram	0,0528
Wasser (rein)	10^{12}
Wasser (Leitungswasser)	10^7
Wasser (Meerwasser)	500.000
Wasser (Kochsalzlösung 10 %)	79.000

Werkstoff	Temperaturkoeffizient α_0
Aluminium	3,9
Eisen	5,6
Konstantan	0,05
Kupfer	3,9

AUFGABEN

1. **Spezifischer Widerstand:** Der spezifische Widerstand eines Metalls soll bestimmt werden. Dazu wird ein 60 cm langes Stück verwendet. Es werden folgende Werte gemessen: Durchmesser d =1mm; Spannung U =0,43 V; Strom I =0,8 A. Wie groß ist der spezifische Widerstand der Leitung?

4.1.4 🎓🎓 Spannungsteilung und Stromteilung

voltage division	die Spannungsteilung	potentiometer	das Potentiometer
current division	die Stromteilung	(=variable resistor)	(=der Drehwiderstand)

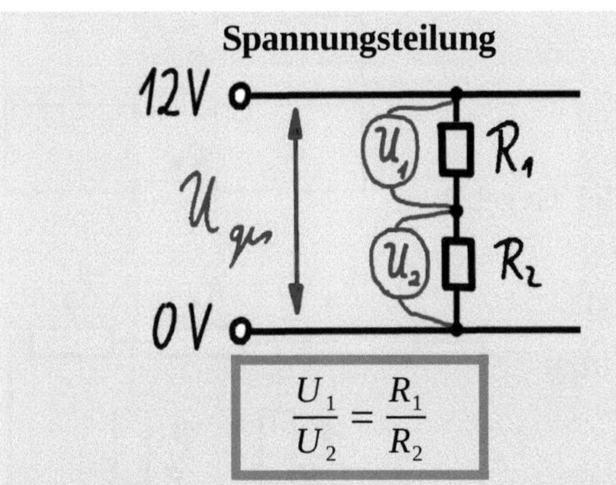

$$\frac{U_1}{U_2} = \frac{R_1}{R_2}$$

Die größere Spannung fällt ab über dem größeren Widerstand

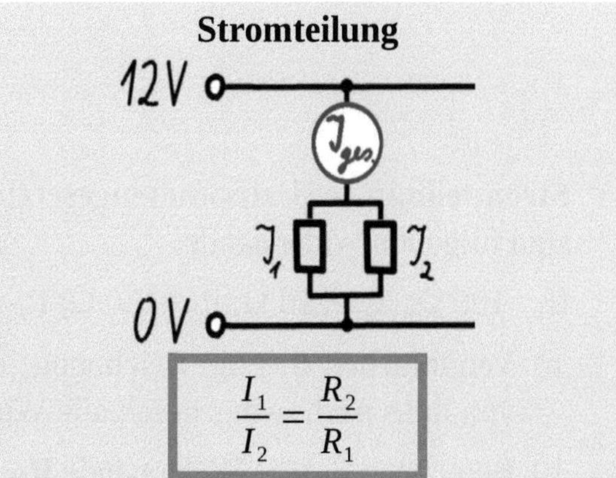

$$\frac{I_1}{I_2} = \frac{R_2}{R_1}$$

Der größere Strom fließt durch den Zweig mit dem kleineren Widerstand

AUFGABEN

1. **Spannungsteilung und zusammengesetzte Widerstände:** An dem abgebildeten Spannungsteiler ($R_1 = 70\ \Omega$ und $R_2 = 90\ \Omega$) hängt eine Last (R_L). Die Gesamtspannung beträgt U=12V.

    a) Wie groß ist die Spannung über dem Widerstand R_2, wenn die Last R_L noch nicht anliegt?

    b) Angenommen, die Last hat einen Widertand $R_L = 10\ \Omega$. Wie groß ist dann die Spannung über dem Widerstand R_2?

    c) Unterschied zwischen a) und b): Um wie viel Prozent verkleinert sich die Spannung über R_2, wenn die Last angelegt wird?

    d) Berechnen Sie Strom und Leistung im Lastwiderstand R_L.

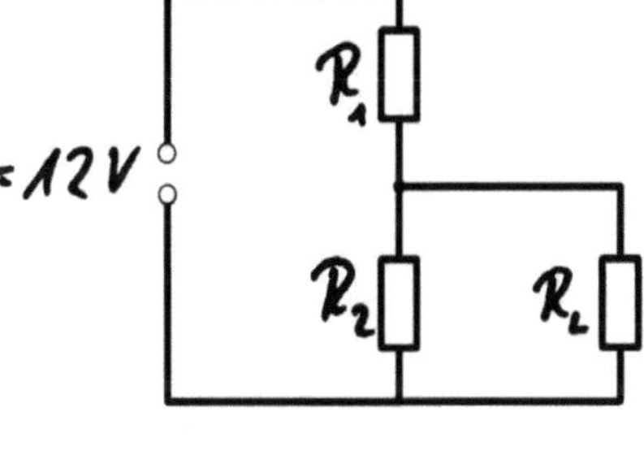

2. **Spannungsteilung und Ohmsches Gesetz:** Eine Lichterkette mit 20 gleichen Lampen wird mit einer Gesamtspannung von 230V betrieben. Die Leistung jeder einzelnen Lampe beträgt 2 Watt

    a) Berechnen Sie den Widerstand einer einzelnen Glühlampe.

    b) Eine der Lampen ist defekt und wird überbrückt. Wie groß ist jetzt jeweils die Leistung der anderen Lampen?

    c) Die defekte Lampe wird durch ein Potentiometer (Drehwiderstand) ersetzt. Welchen Widerstand müssen Sie einstellen,

    - … damit die anderen Lampen so hell leuchten, wie vorher.

    - … damit die anderen Lampen mit halber Leistung leuchten.

3. **Stromteilung:** Gegeben sind die Widerstände $R_1 = 150\ \Omega$; $R_2 = 200\ \Omega$; $R_3 = 150\ \Omega$; $R_4 = 200\ \Omega$; $R_5 = 100\ \Omega$. Das Strommessgerät misst einen Strom von 400 mA.

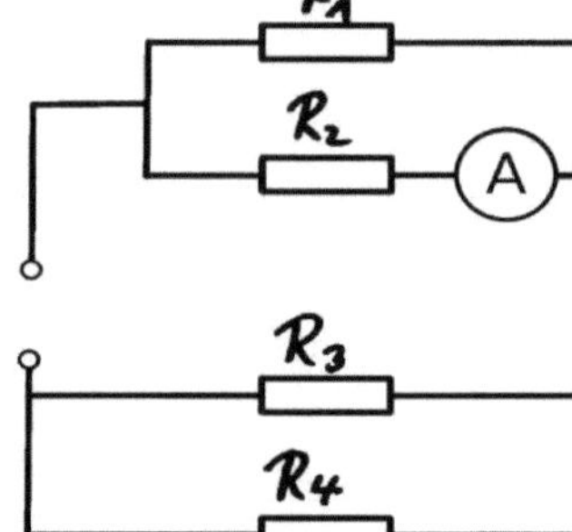

a) Welchen Strom liefert die Stromquelle I_0?

b) Welcher Strom fließt durch R_5?

4. **Stromteilung und zusammengesetzte Widerstände:** Gegeben sind folgende Widerstände:

$R_1 = 100\ \Omega$; $R_2 = 200\ \Omega$; $R_3 = 150\ \Omega$; $R_4 = 300\ \Omega$; $R_5 = 80\ \Omega$.

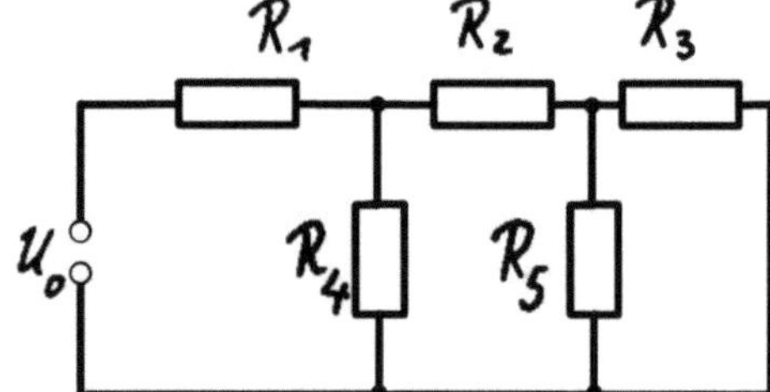

a) Vereinfachen Sie die Zeichnung, so dass der Strom von links nach rechts durch alle Widerstände fließt.

b) Berechnen Sie die Widerstände R_{35}, R_{235} und R_{gesamt}.

c) Berechnen Sie das Verhältnis der Ströme I_3 zu I_5; I_2 zu I_4; I_1 zu I_2 und I_1 zu I_5.

5. **Defekte Lampe im Stromkreis:** Alle Lampen haben den Widerstand $10\ \Omega$. Nennen Sie für alle Lampen die jeweils anliegende Spannung für den Fall, dass Lampe L_2 funktioniert und für den Fall, dass Lampe L_2 defekt ist. Wie ändert sich die Helligkeit der Lampen, wenn L_2 defekt ist?

a)
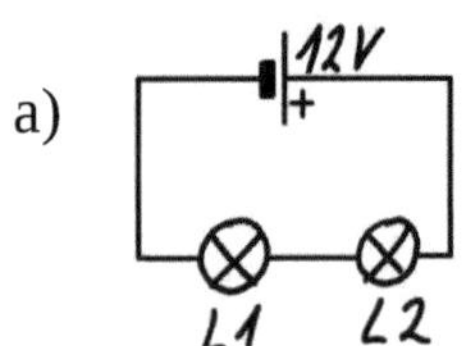

b)
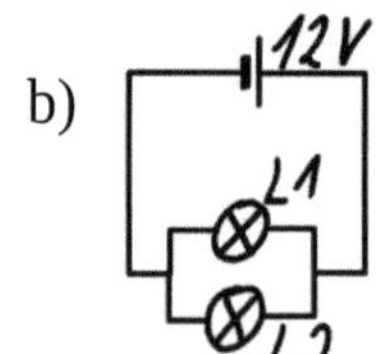

c)
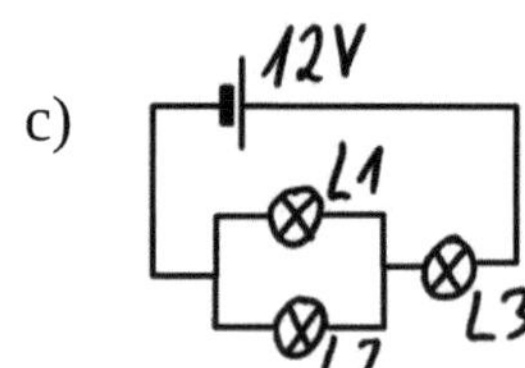

6. **Spannungsteilerregel:** Zur Dekoration werden an einem pyramidenförmigen Drahtgestell sechs identische Lampen befestigt (s. Bild rechts). Berechnen Sie die Spannung an den einzelnen Glühlampen.

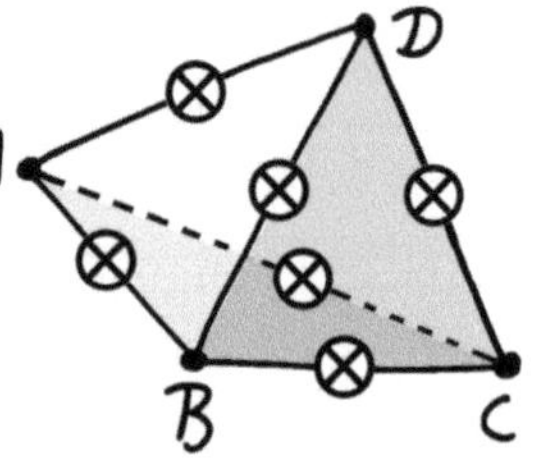

a) Zwischen den Punkten A und B werden 6 V angelegt.

b) An den Punkten A und B liegen jeweils 0V, am Punkt C liegen 6 Volt.

7. **Spannungsteilung am Potentiometer:** Ein Potentiometer hat einen Gesamtwiderstand von 400 Ω. Es liegt eine Spannung von 60 V an. Das Potentiometer dient als Spannungsteiler, so dass zunächst in der Mitte jede beliebige Spannung zwischen 0 und 60 V abgegriffen werden kann.

Jetzt soll ein Verbaucher (200 Ω) so mit dem Potentiometer verbunden werden, dass an ihm exakt 10 Volt anliegen.

a) Skizzieren Sie einen möglichen Aufbau.

b) Wie ist das Potentiometer einzustellen? Berechnen Sie die Größen der beiden Teilwiderstände. (Tipp: Spannungsteilerregel: $\dfrac{U_1}{U_2} = \dfrac{R_1}{R_2}$)

4.1.5 🎓🎓 Innerer Widerstand (Ersatzspannungsquelle, Ersatzstromquelle)

substitute voltage source	die Ersatzspannungsquelle	Stabilized power supply unit	das stabilisierte Netzgerät
substitute current source	die Ersatzstromquelle	terminal,	die Klemme
Ideal and real voltage source	ideale und reale Spannungsquelle	(=line connection)	(=der Anschluss)

Jede Stromquelle und jede Spannungsquelle hat einen inneren Widerstand. Das können Leitungswiderstände, ohmsche Widerstände der Spulen oder Widerstände in dem Material der Batterie sein. Daher kann niemals davon ausgegangen werden, dass eine Spannungsquelle tatsächlich immer die Nennspannung liefert.

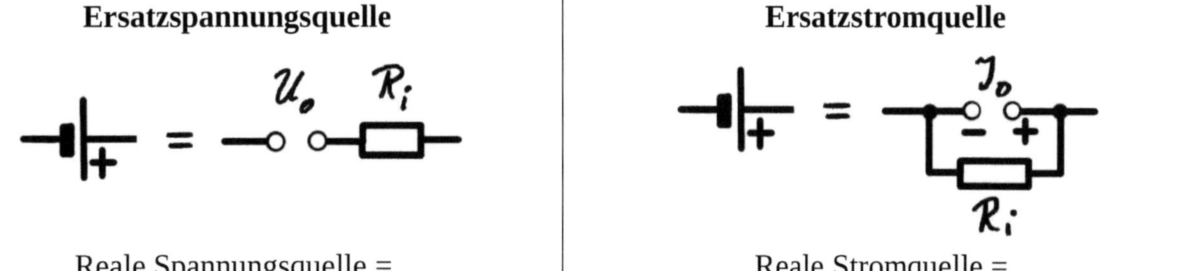

<table>
<tr><td align="center">Ersatzspannungsquelle</td><td align="center">Ersatzstromquelle</td></tr>
<tr><td align="center">Reale Spannungsquelle =
ideale Spannungsquelle mit Innenwiderstand</td><td align="center">Reale Stromquelle =
ideale Stromquelle mit Innenwiderstand</td></tr>
</table>

- **Stabilisiertes Netzgerät**

Für empfindliche Elektronik wird oft ein stabilisiertes Netzgerät mit Spannungsregler verwendet. Hier sorgt im einfachsten Fall ein Spannungsteiler mit Zenerdiode für eine konstante Spannung: Der Spannungsteiler erzeugt zunächst eine - etwas zu hohe - Teilspannung. Die Zenerdiode ist dann zu der Teilspannung parallel geschaltet und begrenzt diese Spannung nach oben. Zur zusätzlichen Pufferung ist noch ein Kondensator nachgeschaltet (siehe auch Kapitel 7.1.3).

AUFGABEN

1. **Ersatzspannungsquelle einer Batterie:** Der Bleiakku in einem PKW mit Verbrennungsmotor hat eine Nennspannung von 12 V. Real sind das in Ruhe (Ruhespannung) 12,7V. Unter starker Belastung soll die Spannung laut allgemeiner Definition nicht unter 7,2 V fallen.

    Bei den Strömen, die ein Akku liefert, unterscheidet man zwischen dem Startstrom (Strom unter Belastung bei 0°C) und dem Kaltstartstrom (Strom unter Belastung bei -18°C).

    a) Zeichnen Sie eine Ersatzspannungsquelle für die Batterie.

    b) Während der Anlasser läuft, fließt ein Startstrom von 150 A. Berechnen Sie den Innenwiderstand der Batterie (Starke Belastung → Die Batteriespannung fällt auf 7,2V).

    c) Welchen Widerstand hat der Anlasser?

    d) Im Winter fließt beim Anlassen ein Kaltstartstrom von 130 A. Berechnen Sie den Innenwiderstand der Batterie für diesen Fall.

2. **Leitungsverluste im Stromkreis:** Eine Pumpe zur Entwässerung einer Baugrube hat eine Leistung von $P = U \cdot I = 800\,W$, wenn sie mit ihrer Nenn-Spannung von 230V betrieben wird. Weil die Baugrube etwas abgelegen ist, muss ein 300m langes Stromkabel von der Spannungsquelle ($U_0 = 230V$) bis zur Pumpe verlegt werden.

a) Die Leistung der Pumpe ist direkt proportional zur angelegten Spannung. An der Pumpe wird eine Leistungsaufnahme von 696W gemessen. Welche (Klemmen-) Spannung U_K liegt an der Klemme der Pumpe an?

b) Welcher Strom fließt durch die Pumpe und wie groß ist der Innenwiderstand der Pumpe?

c) Skizzieren Sie ein Ersatzschaltbild, in dem die Widerstände der Leitungen als ohmsche Widerstände eingezeichnet sind.

- Wie groß ist das Verhältnis zwischen der Lastspannung zwischen den Polen der Pumpe (Klemmenspannung U_K) und der Spannung U_0 an der Steckdose?

- Welche Spannung fällt an den Leitungen ab?

- Wie groß sind die Leitungswiderstände?

d) Welchen Wirkungsgrad hat in diesem Fall das Stromkabel?

e) Wie verändert sich der Wirkungsgrad, wenn ein Kabel mit doppelt so großem Leitungsdurchmesser verwendet wird?

4.2 Der Kondensator

4.2.1  Definition, Bauarten, Anwendung

plate capacitor	der Plattenkondensator	electric conductive plates	elektrisch leitende Platten
film capacitor	der Folienkondensator	smooth the voltage	Spannung glätten
variable / rotary capacitor	der Drehkondensator	oscillating circuit	der Schwingkreis
battery (rechargable)	der Akku	self-discharge	die Selbstentladung
battery (non-rechargeable)	die Batterie	wear (wear and tear)	der Verschleiß

■ **Definition**

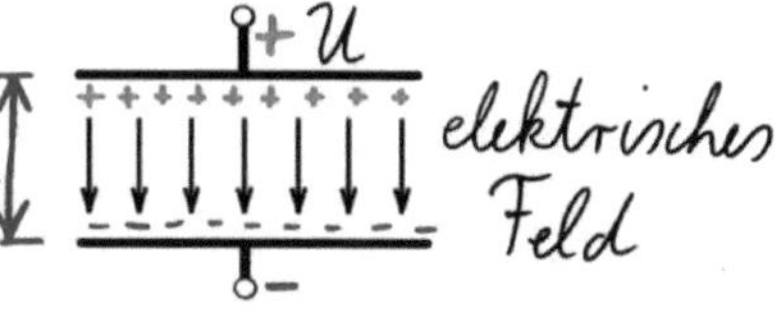

Ein Kondensator besteht aus zwei leitenden Platten, zwischen denen sich ein elektrisches Feld bildet, wenn man Spannung anlegt. In dem elektrischen Feld wird Energie (elektrische Feldenergie) gespeichert.

■ **Bauarten**

der Plattenkondensator: Plattenkondensatoren bestehen aus zwei geladenen Metallplatten, zwischen denen sich ein elektrisches Feld bildet. Im elektrischen Feld wird die elektrische Energie gespeichert. 

der Folienkondensator: Zwei Metallfolien werden mit einer isolierenden Kunststofffolie in der Mitte aufgewickelt. 

der Drehkondensator: Die Kapazität wird verstellt, indem die Platten ineinander gedreht werden. 

Kondensator und Akku im Vergleich

Der Akku	Der Kondensator
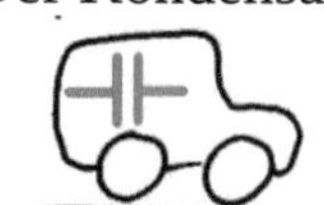	
• Energiespeicherung chemisch	• Energiespeicherung elektrisch
Vorteile	
• geringe Selbstentladung	• Laden/ entladen in Millisekunden
• sehr hohe Energiedichte	• kein Verschleiß, keine Alterung

Hinweis: Moderne Li-Ion Akkus können bei schonender Nutzung ca. 3000 mal geladen werden (Stand 2024). Damit leben sie oft länger, als das Auto, in dem sie arbeiten.

■ **Anwendung**

Der Kondensator speichert elektrische Energie, wie ein kleiner Akku (z.B. für ein Blitzlicht oder einen Defibrillator oder eine kleine Fahrradlampe).

Im elektrischen Feld des Kondensators werden geladene Teilchen beschleunigt (z.B. Vakuumröhren, Kapitel 3.2.5)

Der Kondensator kann Spannungen glätten (so wie ein Stausee das Wasser eines Flusses reguliert). Bei zu hoher Spannung speichert der Kondensator Energie. Bei niedriger Spannung gibt er Energie ab. (Anwendung z.B. nach Gleichrichtung von Wechselstrom zu Gleichstrom).

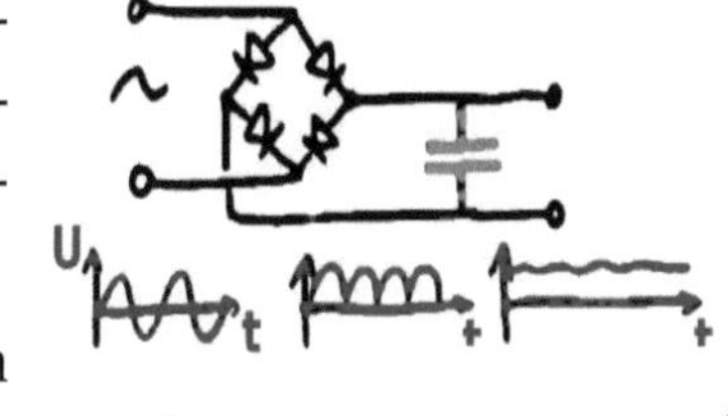

Mit Kondensator und Spule lassen sich Schwingkreise bauen, ähnlich einem Pendel (s. Kapitel 8.1). Die Elektronen pendeln von einer Kondensatorplatte zur Anderen. Damit werden Frequenzen erzeugt, die so groß sind, dass sie kein Kabel mehr benötigen, sondern in Luft übertragen werden (Radio, Funk).

4.2.2 Formeln: Kapazität, Ladung und Feldstärke

plate distance, panel distance	der Plattenabstand	capacitance	die Kapazität
plastic	der Kunststoff, das Plastik	capacity	der Kondensator

electric permittivity (see chaptr 3.1.1)
• **absolute** permittivity $\varepsilon = \varepsilon_0 \cdot \varepsilon_r$
  (= electric permittivity)
  (dielectric conductivity)
• **relative** permittivity ε_r
• **vacuum** permittivity $\varepsilon_0 = 8{,}854 \cdot 10^{-12}\,As/Vm$
  (= electric constant)
		die elektrische Permittivität (siehe Kapitel 3.1.1)
		• **absolute** Permittivität $\varepsilon = \varepsilon_0 \cdot \varepsilon_r$
		  (= elektrische Permittivität)
		  (= dielektrische Leitfähigkeit)
		• **relative** Permittivität ε_r
		• **Vakuum** Permittitivät $\varepsilon_0 = 8{,}854 \cdot 10^{-12}\,As/Vm$
		  (= elektrische Feldkonstante)	

■ Formeln für den Kondensator

Kapazität $C = \epsilon_0 \cdot \epsilon_r \cdot \dfrac{A}{d} = \dfrac{Q}{U}$ in F = As/V

Je größer die Plattenfläche A Und je kleiner der Plattenabstand d, desto mehr Kapazität hat der Kondensator. Ein Dielektrikum (Folie) zwischen den Platten vergrößert die Kapazität zusätzlich.

Energie $W = \dfrac{1}{2} \cdot C \cdot U^2$ in J = Ws

Die im Kondensator gespeicherte Energie hängt ab von Kapazität und Spannung.

Feldstärke $E = \dfrac{U}{d}$ in V/m

Ladung $Q = C \cdot U = I \cdot t$ in As

Ladungsdichte $\sigma = \dfrac{Q}{A}$ in As/m^2

C = Kapazität in der Einheit Farad
A = Fläche einer der beiden Platten
d = Plattenabstand
$\varepsilon = \varepsilon_0 \cdot \varepsilon_r$ = absolute Permittivität (3.1.1)
    Vakuum: $\varepsilon_r = 1$; Kunststoff: $\varepsilon_r = 3$
    Glas: $\varepsilon_r = 5$; Spezialkeramik: $\varepsilon_r = 50\,000$
U = Spannung
I = Strom
W = Energie
E = Feldstärke
Q = Ladung
σ = Ladungsdichte

Achtung:
• Plattenfläche A ist die Fläche zwischen den Platten. Es werden NICHT beide Plattenflächen addiert.
• Feldstärke E nicht mit Energie E = Arbeit W verwechseln!

■ Herleitung: Die Energie im Kondensator

Verglichen wird die elektrische Energie in einem Kondensator mit der elektrischen Energie, die ein Widerstand in Wärme umsetzt (hier jeweils rot schraffiert).
Kondensator: Je mehr Ladungen geflossen sind, desto größer ist seine Spannung.
Widerstand: Die Spannung bleibt konstant, während der Strom fließt.

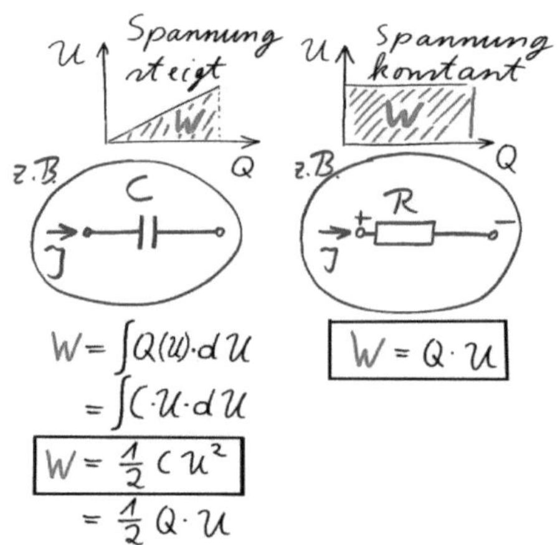

AUFGABEN

1. **Kapazität eines Kondensators:**

   a) Mit welchen Maßnahmen kann die Kapazität eines Plattenkondensators vergrößert werden?

   b) Mit welchen Maßnahmen kann die Kapazität exakt verdoppelt werden?

2. **Energie und Ladung im Superkondensator und im Akku:** Experimentelle Superkondensatoren (super-capacitor) haben Trennschichten, die nur noch d =1Atomdurchmesser dick sind. Sie erreichen Energiedichten, die größer sind, als bei Lithium-Ionen Akkus, lassen sich aber leider nicht wirtschaftlich produzieren.

   a) Angenommen, ein solcher Superkondensator habe eine Kapazität von C= 1000F. Wie viel Energie kann bei einer Spannung von 12 V in einem solchen Kondensator gespeichert werden (in kJ und in kWh)?

   b) Welche Ladung befindet sich dann im Kondensator? Wie vielen Elektronen entspricht das?

   Kapazität = speicherbare Ladung oder Energie? Der Begriff "Kapazität" sagt grundsätzlich nur aus, wie viel reinpasst. Beim Kondensator bedeutet <u>Kapazität = speicherbare Ladung</u> pro Spannung. Bei einerm Akku dagegen gilt: <u>Kapazität = speicherbare Energie</u>.

   c) Der Akku (Batterie) eines Elektroautos hat eine „Kapazität" (maximale Energie) von 100 kWh. Welche Kapazität C müsste ein Kondensator haben, der bei einer Spannung von 24V die gleiche Energiemenge speichern kann?

   d) Nennen Sie je einen Vorteil und einen Nachteil des Kondensators gegenüber einem Akku.

3. **Kapazitive Messung einer Folienstärke:** Während der Herstellung von Kunststofffolien soll deren Dicke kontinuierlich mit Hilfe eines Kondensators gemessen werden. Die Folie hat eine relative Permittivität ε_r = 4.

   a) In einem ersten Versuch werden die Kondensatorplatten mit Federn gegen die Folie gedrückt. Ihre Fläche beträgt 10 cm². Wie groß ist die Kapazität des Kondensators jeweils für die Foliendicken 5 µm und 8 µm?

   b) Die berührende Messung führt bei passender Andruckkraft zum Verschleiß der Kondensatorplatten und ist bei kleiner Andruckkraft sehr ungenau. Daher soll jetzt eine berührungslose Messung durchgeführt werden. Der Plattenabstand des Kondensators beträgt jetzt konstant 0,2 mm, die Fläche bleibt bei 10 cm². Wie groß ist jetzt die Kapazität des Kondensators jeweils für die Foliendicken 5 µm?

4. **Energie im Kondensator und im Kreisel:** Ein Kondensator besteht aus zwei runden Platten mit dem Radius 10 cm und dem Abstand 2 mm. Zwischen den Platten ist Luft.

   a) Wie groß ist die Kapazität des Kondensators?

Der Akku eines Elektroautos hat eine Spannung von 400V und eine Kapazität von 25 kWh.

   b) Wie viele unserer Kondensatoren müssten parallel geschaltet werden, um bei gleicher Spannung die gleiche Energie speichern zu können?

   c) Mit welchen Maßnahmen kann die Kapazität eines Kondensators erhöht werden?

Der Akku des Elektroautos soll in einem zweiten Gedankenexperiment jetzt durch einen Kreisel ersetzt werden. Der Kreisel ist eine zylindrische Scheibe mit einem Durchmesser von 1m und einer Dicke von 10 cm. Die Scheibe soll – in einem Magnetfeld gelagert – mit maximal 50.000 Umdrehungen pro Minute sich drehen können.

   d) Wie lautet die Formel zur Berechnung der Rotationsenergie?

   e) Wie groß ist (bei 50.000 Umdrehungen pro Minute) die Winkelgeschwindigkeit ω der Scheibe?

   f) Wie schwer müsste diese Scheibe sein, um die gleiche Energie zu speichern, wie unser Akku?

5. **Permittivität:** Ein geladener Kondensator (zwei Platten mit Luft dazwischen) ist nicht am Stromkreis angeschlossen. Jetzt wird eine Glasplatte in den Kondensator geschoben. Werden C, Q und U jeweils größer, oder kleiner?

4.2.3 🎓🎓 Reihenschaltung und Parallelschaltung von Kondensatoren

Composite capacitors	zusammengesetzte Kondensatoren	resistor	der Widerstand
Series connection and parallel connection	Reihenschaltung und Parallelschaltung	spring	die Feder
interference suppression capacitor	der Entstörkondensator	terminal	die Klemme
electromagnetic compatibility (EMC)	elektromagnetischen Verträglichkeit (EMV)	terminal	der Anschluss

	Widerstände Widerstand $R = \dfrac{U}{I}$ in Ω s. Kapitel 4.1.2	**Kondensatoren** Kapazität $C = \dfrac{Q}{U}$ in $\dfrac{C}{V}$	**mechanische Federn** Federkonstante $D = \dfrac{F}{s}$ in $\dfrac{N}{cm}$ s. Band 2, Mechanik
Reihen-schaltung	$R_{ges} = R_1 + R_2$	$\dfrac{1}{C_{ges}} = \dfrac{1}{C_1} + \dfrac{1}{C_2}$	$\dfrac{1}{D_{ges}} = \dfrac{1}{D_1} + \dfrac{1}{D_2}$
Parallel-schaltung	$\dfrac{1}{R_{ges}} = \dfrac{1}{R_1} + \dfrac{1}{R_2}$	$C_{ges} = C_1 + C_2$	$D_{ges} = D_1 + D_2$

AUFGABEN

1. **Reihenschaltung zweier Kondensatoren:** Entstörkondensatoren leiten hochfrequente Störsignale, z.B. in einer Bohrmaschine oder in einem Staubsauger, gegen die Masse oder den Neutralleiter und bewirken damit die Herabsetzung der elektromagnetischen Störungen (elektromagnetische Verträglichkeit EMV). So funktioniert ein Radio auch dann, wenn der Nachbar seine Küchenmaschine betreibt (siehe Tiefpass, Kapitel 8.3). Um das Autoradio nicht zu stören, wird zur Entstörung im Motorraum (Zündanlage) ein Kondensator mit einer Kapazität von 20 µF benötigt. Welcher Kondensator muss mit einem 45 µF Kondensator in Reihe geschaltet werden, um die gewünschte Größe zu erhalten?

2. **Reihenschaltung und Parallelschaltung von Kondensatoren:** Nach einer Party war der Netztrafo des Verstärkers defekt. Der Einbau eines neuen Transformators führt jetzt leider dazu, dass der Verstärker brummt. Der Gleichrichter des neuen Trafos scheint keinen sauberen Gleichstrom zu liefern. Der Gleichstrom müsste besser geglättet werden. Durch Ausprobieren mit diversen Kondensatoren findet Greta heraus, dass eine Kapazität von 5 µF zwischen den beiden Polen (Pluspol und Minuspol) das Brummen idal reduziert.

   Zur Verfügung stehen drei Kondensatoren mit $C_1 = C_2 = C_3 = 9$ µF. und ein Kondensator mit $C_4 = 2$ µF. Finden Sie eine geeignete Reihen- und/oder Parallelschaltung, um daraus 5 µF zu erzeugen.

4.2.4 🎓🎓 Verschiebung der Platten eines Kondensators

displacements of the plates	Verschiebung der Platten	terminal	die Klemme
the capacitor is disconnnected	der Kondensator wird abgeklemmt	terminal	der Anschluss

<table>
<tr><td colspan="2">

Fall 1
Klemmen des Kondensators sind nicht angeschlossen.
$(U_1 \neq U_2 ; Q_1 = Q_2)$

</td><td colspan="2">

Fall 2
Klemmen sind an Spannungsquelle angeschlossen
$(U_1 = U_2)$

</td></tr>
</table>

Energie: Die Platten eines Kondensators (+ und -) ziehen sich an. Wenn die Platten mechanisch auseinandergezogen werden, dann wird dabei <u>Energie in das System gesteckt</u>. Folge: Die elektrische Energie im Kondensator wird größer, wenn man seine Platten auseinanderzieht.

Ladung: Der geöffnete Schalter sorgt dafür, dass keine Ladung abfließen kann.

Spannung: Wenn die Kapazität sinkt, muss bei konstanter Ladung die Spannung steigen.

Spannung: Der geschlossene Schalter sorgt dafür, dass die Spannung konstant bleibt (von außen aufgezwungen).

Ladung: Weil die Kapazität beim Auseinanderziehen kleiner wird, wird auch die Ladung kleiner.

Energie: Weil die Kapazität beim Auseinanderziehen kleiner wird, wird auch die Energie kleiner.

Kapazität $\quad C = \epsilon \cdot \dfrac{A}{d} \quad$ *wird kleiner*

Energie $\quad W = \dfrac{1}{2} \cdot C \cdot U^2 \;$ *wird größer*

Ladung $\quad Q = C \cdot U \;$ *bleibt konstant*
$\qquad\qquad (\textit{Schalter offen})$
Spannung $\; U = E \cdot d \;$ *wird größer*

Kapazität $\quad C = \epsilon \cdot \dfrac{A}{d} \quad$ *wird kleiner*

Energie $\quad W = \dfrac{1}{2} \cdot C \cdot U^2 \;$ *wird kleiner*

Ladung $\quad Q = C \cdot U \;$ *wird kleiner*

Spannung $\; U = E \cdot d \;$ *bleibt konstant*
$\qquad\qquad (\textit{angeschlossen})$

BEISPIEL zu Fall 1 - Klemmen sind nicht angeschlossen.

Bei einem Plattenkondensator wird der Plattenabstand d von d_1 auf d_2 vergrößert. Dabei verändert sich die Spannung von U_1 auf U_2. Beweisen Sie:

$$\frac{U_1}{d_1} = \frac{U_2}{d_2}$$

Lösungsversuch 1: Rechnung mit dem Energieerhaltungssatz $W_1 = W_2$:

$$\underline{Falsch} \qquad W_1 = W_2 \;*$$
$$\Leftrightarrow \quad \frac{1}{2} C_1 U_1^2 = \frac{1}{2} C_2 U_2^2 \quad \Big| C = \varepsilon_0 \varepsilon_r \frac{A}{d}$$
$$\Leftrightarrow \frac{1}{2}\varepsilon_0\varepsilon_r\frac{A}{d_1} U_1^2 = \frac{1}{2}\varepsilon_0\varepsilon_r\frac{A}{d_2} U_2^2$$
$$\Leftrightarrow \qquad \frac{U_1^2}{d_1} = \frac{U_2^2}{d_2}$$

$*$ Hier fehlt die Energie zum Verschieben der Platten !

Lösungsversuch 2: Rechnung mit der Ladungserhaltung $Q_1 = Q_2$:

$$Q_1 = Q_2$$
$$\Leftrightarrow \quad C_1 U_1 = C_2 U_2 \quad \Big| C = \varepsilon_0\varepsilon_r\frac{A}{d}$$
$$\Leftrightarrow \varepsilon_0\varepsilon_r\frac{A}{d_1} U_1 = \varepsilon_0\varepsilon_r\frac{A}{d_2} U_2$$
$$\Leftrightarrow \quad \boxed{\frac{U_1}{d_1} = \frac{U_2}{d_2}} \quad \text{oder} \quad \frac{U_1}{U_2} = \frac{d_1}{d_2}$$

$\hookrightarrow$ <u>Die Behauptung ist wahr</u>

AUFGABEN

1. **Kapazität und Plattenabstand:** Ein Plattenkondensator hat kreisförmige Platten mit einem Radius r = 8 cm und einem Plattenabstand d = 2 cm. Zwischen den Platten befindet sich Luft.

   a) Wie groß ist die Kapazität des Kondensators (in nF und in pF)? Hinweis: 1 pF $=10^{-12}$F.

   b) Welche Ladung befindet sich auf dem Kondensator, wenn eine Spannung von U = 1000V anliegt?

   c) Berechnen Sie die Ladungsdichte (= Ladung pro Fläche) und die Feldstärke.

   d) Der Kondensator wird jetzt abgeklemmt, so dass die Ladung nicht herunterfließen kann. Der Abstand der Platten wird verdoppelt. Wie groß ist jetzt die Spannung?

4.2.5 🎓🎓 Der Kondensator Im Wechselstromkreis

direct current (DC)	der Gleichstrom	ohmic resistance	der ohmsche Widerstand R
alternating current (AC)	der Wechselstrom	capacitive resistance	der kapazitive Widerstand X_C oder R_C
		angular velocity	die Winkelgeschwindigkeit $\omega = 2 \cdot \pi \cdot f$

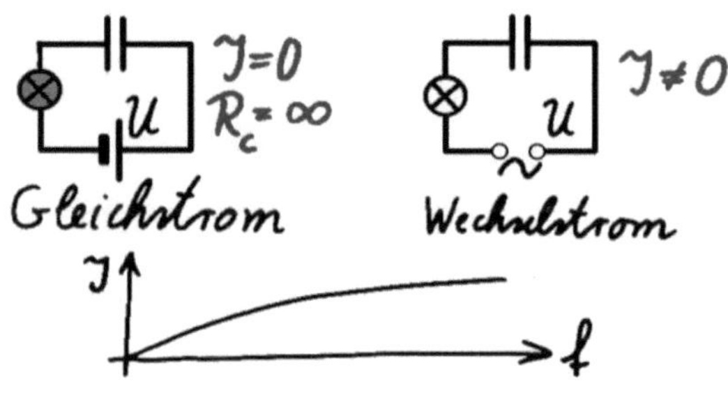

Durch den Kondensator fließt nur solange Strom, bis er geladen ist. Daraus folgt, dass Kondensatoren <u>Gleichstrom sperren</u>, aber <u>Wechselstrom durchlassen</u>. Je größer die Frequenz f (bzw. Winkelgeschwindigkeit ω) und je größer die Kapazität C des Kondensators, desto besser fließt der Strom.

	Der kapazitive Widerstand R_C des Kondensators	
im Gleichstrom (DC)	$R_C = \infty$	Der Kondensator blockiert den Strom, sobald er vollständig geladen ist.
im Welchselstrom (AC) (mittlere Frequenz)	$R_C = \dfrac{1}{\omega \cdot C}$	Ladestrom und Entladestrom werden begrenzt durch die Kapazität des Kondensators: Der Kondensator wirkt wie ein Widerstand.
im Wechselstrom (AC) (große Frequenz)	$R_C = 0$	Der Kondensator wird so schnell entgegengesetzt geladen, dass er niemals voll geladen ist und niemals der Strom stoppt.

→ s. auch Kapitel 7.2.2 (Impedanz)

AUFGABEN

1. **Der Kondensator im Wechselstromkreis:** An einer Netzspannung (230V, 50 Hz) hängt in Reihe geschaltet ein Kondensator (C=100 µF) und ein ohmscher Widerstand (R=300 Ω).

   a) Wie groß ist der kapazitive Widerstand des Kondensators?

   b) Wie groß ist der fließende Strom I?

 © Badelt.de

4.2.6 🎓🎓🎓 Ladungsdichte σ, elektr. Flussdichte D, Energiedichte ω

Surface charge density	die Flächenladungsdichte σ	(electric) energy density	die (elektrische) Energiedichte ω
(electric) flux density	die (elektrische) Flussdichte D	pressure	der Druck
(electric) field strength	die (elektrische) Feldstärke E		

Weitere Größen im Feld eines Kondensators (für besonders ambitionierte Studierende):

Begriff	Formel	Erklärung
Die (Flächen-) Ladungsdichte σ	$\sigma = \dfrac{Q}{A} = \varepsilon \cdot E$	Die Ladungsdichte beschreibt, wie viel Ladung pro Fläche in einem Kondensator zu finden ist. $$\sigma = \frac{Q}{A} = \frac{C \cdot U}{A} = \frac{\varepsilon \cdot \frac{A}{d} \cdot U}{A} = \varepsilon \cdot \frac{U}{d} = \varepsilon \cdot E$$
Die elektrische Flussdichte D	$D = \varepsilon \cdot E$	Analogie <table><tr><td>elektrische Feldstärke E</td><td>magnetische Feldstärke H</td></tr><tr><td>elektrische Flussdichte D</td><td>magnetische Flussdichte B</td></tr><tr><td>$D = \varepsilon \cdot E$</td><td>$B = \mu \cdot H$</td></tr></table>
Die Energiedichte ω	$\omega = \dfrac{1}{2} \cdot D \cdot E = \dfrac{1}{2} \cdot \varepsilon \cdot E^2$	Die Energiedichte im Kondensator beschreibt die Energie pro Volumen. $$\omega = \frac{Energie}{Volumen} = \frac{\frac{1}{2} \cdot C \cdot U^2}{A \cdot d} \qquad \Big| C = \frac{Q}{U}$$ $$= \frac{1}{2} \cdot \frac{Q \cdot U}{A \cdot d} = \frac{1}{2} \cdot \frac{Q \cdot E}{A} \qquad \Big| \ \sigma = D = \frac{Q}{A}$$ $$= \frac{1}{2} \cdot D \cdot E \qquad\qquad \Big| D = \varepsilon \cdot E$$ $$= \frac{1}{2} \cdot \varepsilon \cdot E^2$$
Der Druck p der Kondensatorplatten	$p = \dfrac{F}{A} = \sigma \cdot E$	Die unterschiedlich geladenen Kondensatorplatten ziehen sich gegenseitig an. Der Druck beschreibt diese Kraft pro Fläche. $$p = \frac{F}{A} = \frac{Q \cdot E}{A} = \sigma \cdot E$$
• A = Fläche zwischen den Kondensatorplatten. (Es werden nicht beide Plattenflächen addiert)		• ε = elektrische Feldkonstante • E = elektrische Feldstärke

AUFGABEN

1. **Flussdichte und Energiedichte:** Ein Kondensator drückt mit einem Druck von 5 Pa auf die zwischen seinen Platten liegende Plexiglasscheibe ($\varepsilon_r = 4$).

   a) Wie groß ist die Flächenladungsdichte der Kondensatorplatten?

   b) Nennen Sie die Feldstärke und die elektrische Verschiebung des Feldes im Kondensator.

   c) Wie groß ist die Energiedichte im Kondensator?

4.3 Aufgaben

1. **Widerstände:** Gegeben ist die rechts abgebildete Schaltung.

    a) Welche Spannung wird gemessen bei geöffnetem Schalter?

    b) Welche Spannung wird gemessen bei geschlossenem Schalter?

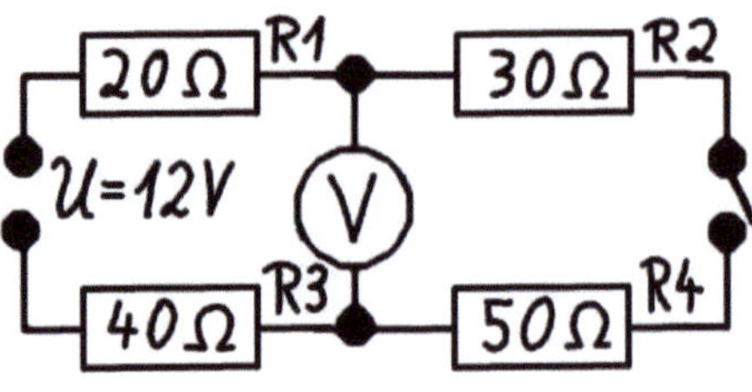

2. **Reihenschaltung zweier Kondensatoren:** Zwei Kondensatoren ($C_A =10$ µF und $C_B =25$ µF) werden mit den Spannungen $U_{0A} =30$ V und $U_{0B} =15$ V geladen. Anschließend werden die Kondensatoren in Reihe geschaltet.

    a) Welche Größen bleiben beim Verschalten konstant?

    b) Der Schalter wird geschlossen. Welche Spannung liegt jetzt insgesamt an?

    c) Welche Spannungen haben die Kondensatoren jetzt jeweils einzeln?

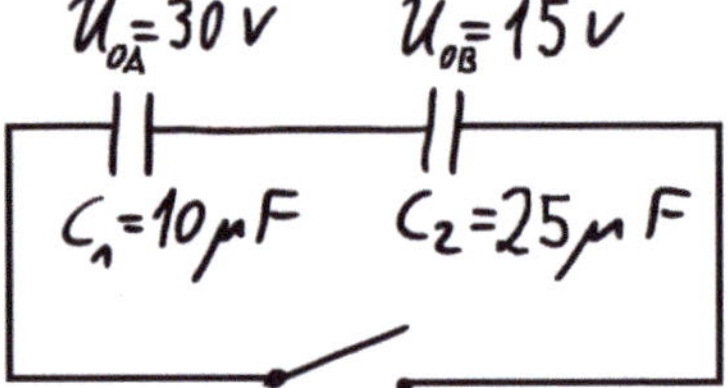

3. **Gewitterwolke, Kondensator und Blitzableiter:** Gewitterwolken haben Feldstärken von bis zu 200.000 Volt pro Meter. Bei größeren Werten (Durchschlagfestigkeit) entsteht irgendwann ein Blitz und die Wolke entlädt sich.

Die Ladung einer Gewitterwolke entsteht durch fallende Hagelkörner, die im Aufwind gegen steigende Körnchen stoßen und dabei negativ geladen werden. Der Eisgehalt einer Gewitterwolke ist proportional zu ihrer Ladung.

In Mumbai (Indien) wurden im Jahr 2014 bei der Untersuchung von Gewitterwolken Spannungen bis zu 1,3 Milliarden Volt gemessen (B. Hariharan und Sunil Gupta vom Tata Institute of Fundamental Research). Die Werte wurden ermittelt mit Hilfe der Ablenkung elektrisch geladener Myonen, die unter Gewitterwolken weniger zahlreich auftreten. Die entsprechende Wolke hatte eine Ausdehnung von 380 km² und erstreckte sich bis in 11 km Höhe.

© Badelt.de

a) Angenommen, die Wolke habe an der Unterkante eine Höhe von 600m gehabt: Welche Ladung hat ein Nebeltropfen (Tropfendurchmesser d_{Tr} =0,1mm), der in dem elektrischen Feld zwischen Wolke und Boden gerade schwebt (Wasser: 1kg/l)?

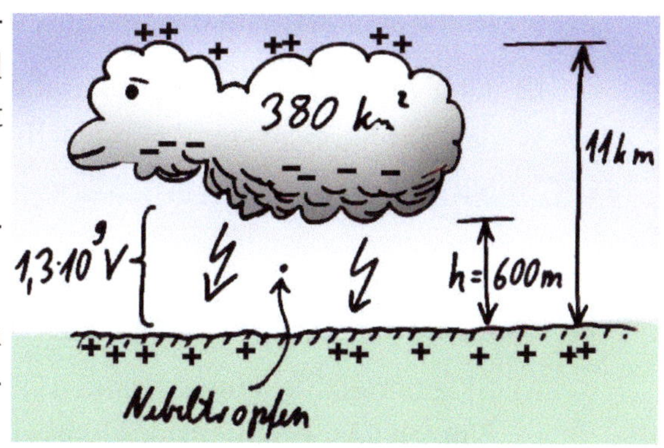

b) Wolke und Boden werden als Plattenkondensator betrachtet:

- Welche Energie ist in dem elektrischen Feld (unter der Wolke aus Mumbai) gespeichert?

- Wie lange würde ein großes Kohlekraftwerk (P =500MW) benötigen, um diese Energie zu produzieren?

- Wie groß ist die Ladung Q der Wolke?

c) Vergleich mit einem üblichen Gewitter: Größere Blitze haben normalerweise eine Stromstärke von bis zu 300 kA. Ein Blitz dauert üblicherweise etwa 0,07s und wandelt im Mittel 23,5 kWh in Wärme um. Wie groß ist die Spannung in einer solchen Standard-Gewitterwolke?

d) Skizzieren Sie einen Kirchturm unter einer Gewitterwolke, die mit dem Erdboden einen Plattenkondensator bildet. Zeichnen Sie Äqipotentiallinien ein und erklären Sie, warum der Blitz zuerst in den Kirchturm einschlägt. Erklären Sie dann die Funktion von Blitzableitern.

4. Zusammengesetzte Widerstände

a) Berechnen Sie den Widerstand R_{23}.

b) Berechnen Sie den Widerstand R_{45}.

c) Berechnen Sie den Widerstand R_{2345}.

d) Berechnen Sie den Gesamtwiderstand.

e) Insgesamt liegen 12 V an. Wie viel Ampere fließen?

f) Berechnen Sie die Wärmeleistung, die abgegeben wird.

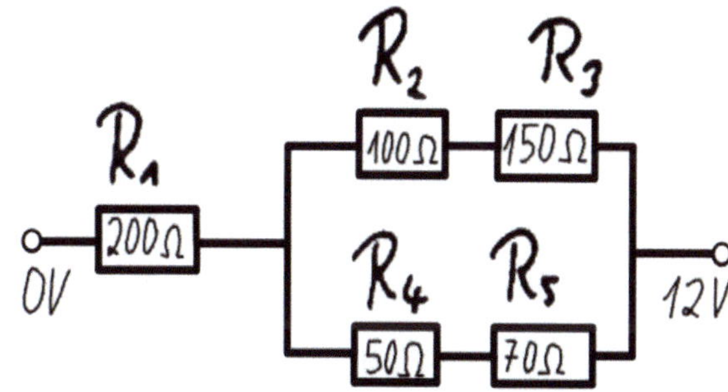

5. Der Kondensator im Radio: Ein Pendel (Fadenpendel) schwingt, weil die Energie immer zwischen zwei Zuständen wechselt: Der kinetischen Energie und der Lageenergie. In einem elektrischen Pendel wechselt die Energie zwischen elektrischer Energie (Kondensator) und magnetischer Energie (Spule, Elektromagnet). Ein solches Pendel heißt Schwingkreis. Es kann Millionen mal pro Sekunde schwingen (Megaherz), so dass der Strom durch die Luft übertragen werden kann und kein Kabel mehr benötigt (Radiowelle).

Louisa möchte sich ein kleines Radio selbst basteln und benötigt für den Schwinkreis einen Kondensator, den sie zwischen 0,8 µF und 1,1 µF einstellen kann, um verschiedene Sender zu empfangen.

a) Ihr Drehkondensator ist von 0 nF bis 300 nF einstellbar. Welchen Kondensator muss sie in Reihe schalten, um die gewünschten Kapazitäten zu erhalten?

b) Jetzt benutzt Louisa eine Parallelschaltung von Kondensatoren. In welchem Bereich muss der Drehkondensator eingestellt werden können, wenn der parallele Kondensator 4,2 µF hat?

6. **Leistung und Energie verschalteter Kondensatoren**

   a) Skizzieren Sie einen Kondensator (Prinzipskizze) und beschreiben Sie kurz Aufbau und Nutzen (Anwendungsmöglichkeiten).

   b) Zwei Kondensatoren der Kapazität 10µF und 500 nF werden parallel geschaltet. Wie groß ist ihre Gesamtkapazität?

   c) Wie groß wäre die Gesamtkapazität, wenn die Kondensatoren in Reihe geschaltet würden?

   d) Ermitteln Sie die Kapazität eines Kondensators mit runden Platten (Durchmesser 12 cm), einem Plattenabstand von 0,1 mm und einem Keramikdielektrikum (ε_r =5.000).

   e) An einen Kondensator wird dauerhaft eine Gleichspannung von 24V angelegt. Dabei fließt kein Strom. Wird jedoch eine Wechselspannung angelegt, dann fließt ein Strom. Erklären Sie diesen Zusammenhang.

   f) Ausblick: Der Widerstand eines Kondensators ist frequenzabhängig ($R_C=\dfrac{1}{\omega \cdot C}$). Wie groß ist der Widerstand eines Kondensators (C =50 µF) bei einer anliegenden Netzspannung (230V, 50Hz)? Welcher Strom fließt durch den Kondensator? → s. Kapitel 7.2.2

7. **Energiespeicher im Elektroauto (Kondensator und Rotation):** Ein Kondensator besteht aus zwei runden Platten mit dem Durchmesser 10 cm und dem Abstand 1 mm. Zwischen den Platten ist Luft.

   a) Wie groß ist die Kapazität des Kondensators?

Der Akku eines Elektroautos hat eine Spannung von 400V und eine Kapazität von 25 kWh.

   b) Wie viele unserer Kondensatoren müssten parallel geschaltet werden, um bei gleicher Spannung die gleiche Energie speichern zu können?

   c) Mit welchen Maßnahmen kann die Kapazität eines Kondensators erhöht werden?

Der Akku des Elektroautos soll in einem zweiten Gedankenexperiment jetzt durch einen Kreisel ersetzt werden. Der Kreisel ist eine zylindrische Scheibe mit einem Durchmesser von 1m und einer Dicke von 10 cm. Die Scheibe soll – in einem Magnetfeld gelagert – mit maximal 50.000 Umdrehungen pro Minute sich drehen können (s. Mechanik, Band 2).

   d) Wie lautet die Formel zur Berechnung der Rotationsenergie?

   e) Wie groß ist die Winkelgeschwindigkeit ω der Scheibe?

   f) Wie schwer müsste diese Scheibe sein, um die gleiche Energie zu speichern, wie unser Akku?

 Badelt.de

5 Magnetische Felder

5.1 Bewegte Ladungen verursachen ein Magnetfeld

5.1.1 🎓🎓 Permeabilität und die Erzeugung magnetischer Felder

electric permittivity (see chapter 3.1.1)	die elektrische Permittivität (siehe Kapitel 3.1.1)
• **absolute** permittivity $\varepsilon = \varepsilon_0 \cdot \varepsilon_r$ (= electric permittivity) (dielectric conductivity) • **relative** permittivity ε_r • **vacuum** permittivity $\varepsilon_0 = 8{,}854 \cdot 10^{-12}\,As/Vm$ (= electric constant)	• **absolute** Permittivität $\varepsilon = \varepsilon_0 \cdot \varepsilon_r$ (= elektrische Permittivität) (= dielektrische Leitfähigkeit) • **relative** Permittivität ε_r • **Vakuum** Permittivät $\varepsilon_0 = 8{,}854 \cdot 10^{-12}\,As/Vm$ (= elektrische Feldkonstante)
magnetic permeability (see also chapter 5.1.4)	die magnetische Permeabilität (siehe auch Kapitel 5.1.4)
• **absolute** permeability $\mu = \mu_0 \cdot \mu_r$ (= magnetic Permeability) (= magnetic conductivity) • **relative** permeability μ_r • **vacuum** permeability $\mu_0 = 4 \cdot \pi \cdot 10^{-7}\,Vs/Am$ (= magnetic constant)	• **absolute** Permeabilität $\mu = \mu_0 \cdot \mu_r$ (= magnetische Permeabilität) (= magnetische Leitfähigkeit) • **relative** Permeabilität μ_r • **Vakuum** Permeabilität $\mu_0 = 4 \cdot \pi \cdot 10^{-7}\,Vs/Am$ (= magnetische Feldkonstante)

■ Bewegte Ladungen erzeugen ein Magnetfeld

Magnetische Felder entstehen durch bewegte Ladungen. So entsteht z.B. das Erdmagnetfeld durch die Elektronen in der aufsteigenden, heißen Magma im Erdinneren (Konvektion + Corioliskraft → Geodynamo).

Elektromagnet: Bewegte Elektronen im elektrischen Strom erzeugen ein Magnetfeld. Die elektrischen Drähte werden vor dem Aufwickeln rot lackiert, um sie gegeneinander zu isolieren.		**Erdmagnetfeld:** Bewegte Elektronen in der strömenden Magma erzeugen ein Magnetfeld.	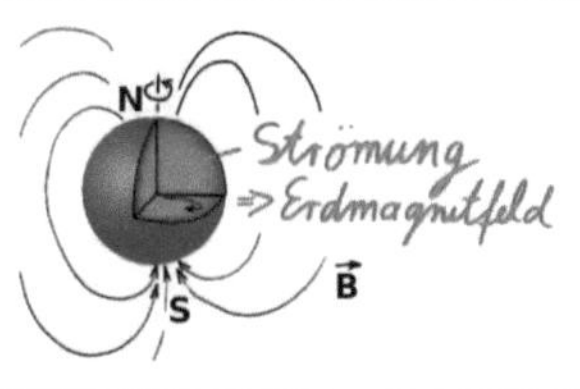

50% der Erdhitze stammt noch aus Zeiten der Erdentstehung vor 4,5 Milliarden Jahren, die anderen 50% stammen aus Radioaktivität im Erdinneren. Im Vakuum des Weltalls kann die Erde nur langsam durch Strahlung abkühlen. Der kleinere Mars hatte seine Hitze schneller abgestrahlt. Daher hat er quasi kein schützendes Magnetfeld, so dass der Sonnenwind seine Atmosphäre größtenteils abrasieren konnte. Ohne schützendes Magnetfeld ist er also quasi leblos.

Magnetfelder nutzen wir auch auch in Elektroautos (Motor) oder Windstromanlagen (Generator), in der Medizin (z.B. Kernspintomograph), auf dem Schrottplatz (Lasthebemagnet), im Kompass, im Lautsprecher oder in der Klingel.

- **Das Magnetfeld einer bewegten Ladung (im Vergleich mit E-Feld und G-Feld)**

Massen erzeugen ein **Gravitationsfeld**	Ladungen erzeugen ein **Elektrisches Feld**	bewegte Ladungen erzeugen ein **Magnetfeld**
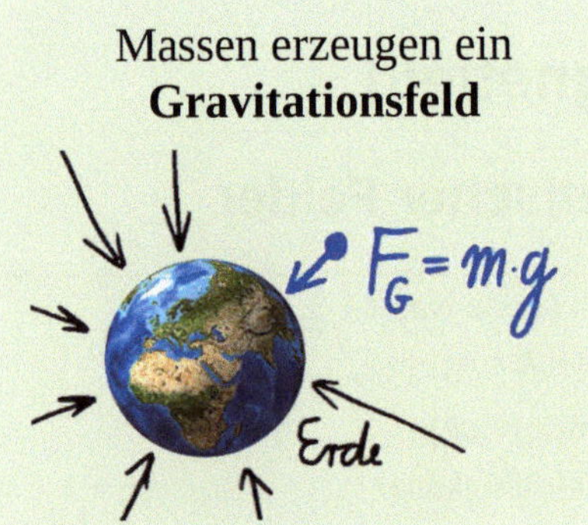	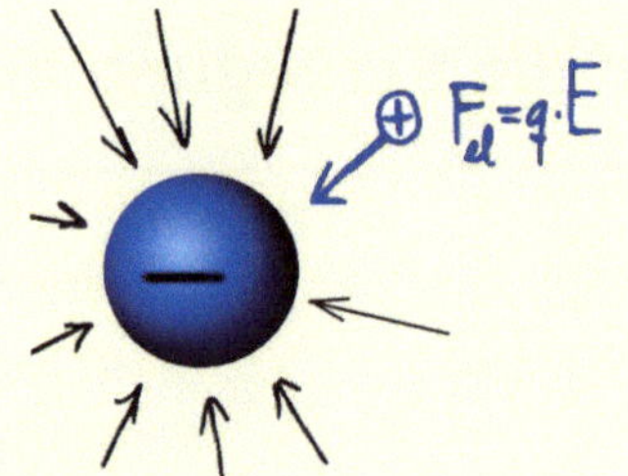	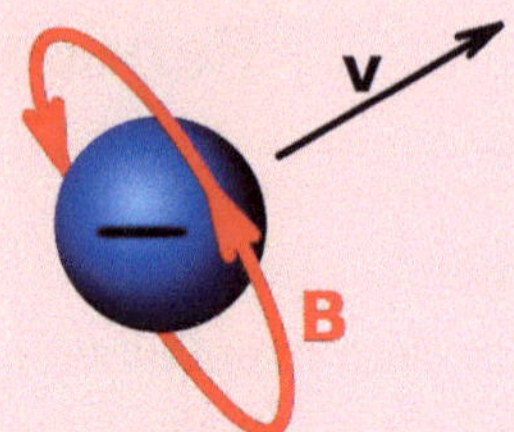
Gravitationsfeldstärke $$g = G \cdot \frac{M_E}{r^2} = 9{,}81\,\frac{m}{s^2}$$	**Elektrische Feldstärke** $$E = \frac{1}{4 \cdot \pi \cdot \epsilon} \cdot \frac{Q}{r^2}$$	**Magnetische Flussdichte** $$B = \dots \text{ siehe Kapitel 5.1.1}$$
Gravitationskonstante $$G = 6{,}674 \cdot 10^{-11}\,\frac{m^3}{kg \cdot s^2}$$	**elektrische Feldkonstante** (oder Permittivität) ϵ $$\epsilon_0 = 8{,}854 \cdot 10^{-12}\,\frac{As}{Vm}$$ $\epsilon = \epsilon_0 \cdot \epsilon_r \; mit \; \epsilon_r = 1$ *für Vakuum bzw. Luft*	**magnetische Feldkonstante** (oder Permeabilität) μ $$\mu_0 = 4 \cdot \pi \cdot 10^{-7}\,\frac{Vs}{Am}$$ $\mu = \mu_0 \cdot \mu_r \; mit \; \mu_r = 1$ *für Vakuum bzw. Luft*

- **Die Permeabilität (im Vergleich zur Permittivität)**

Permittivität (s. Kapitel 3.1.1)	**Permeabilität**
Die Permittivität ϵ = dielektrische Leitfähigkeit gibt an, wie gut ein elektrisches Feld in einem Isolator geleitet wird.	Die Permeabilität μ = magnetische Leitfähigkeit gibt an, wie gut ein Magnetfeld durch einen Werkstoff fließen kann. Beispielsweise kann ein Magnetfeld durch Eisen besonders gut fließen.
Die Permittivität ϵ gibt an, wie stark ein Isolator in einem elektrischen Feld <u>elektrisch polarisiert</u> wird: 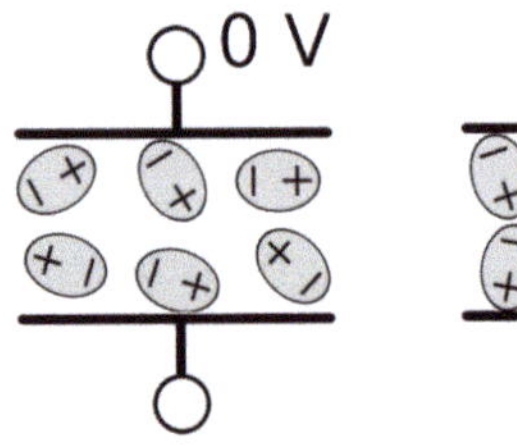 Die <u>elektrischen Dipole</u> richten sich nach dem äußeren, elektrischen Feld aus.	Die Permeabilität μ gibt an, wie stark ein Material in einem Magnetfeld <u>magnetisch polarisiert</u> wird: 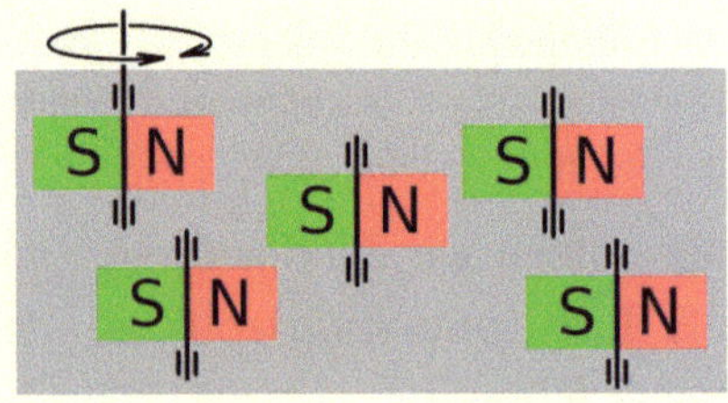 Die <u>magnetischen Dipole</u> (=Elementarmagnete) richten sich nach dem äußeren, magnetischen Feld aus.
Flussdichte = ϵ · Feldstärke: $D = \mu \cdot E$	Flussdichte = μ · Feldstärke: $B = \mu \cdot H$

Die Feldstärke sagt, wie stark das Feld ist, dass <u>außen an einem Körper</u> liegt. Die Flussdichte dagegen sagt quasi, wie gut das Feld <u>im Körper</u> fließt.

(magnetic) flux density B	die (magnetische) Flussdichte B	terrestrial magnetic field	das Erdmagnetfeld
(magnetic) field strength H	die (magnetische) Feldstärke H	conductor loop	die Leiterschleife
The technical current direction	die technische Stromrichtung	coil	die Spule
shape of the field	die Form des Feldes	bar magnet	der Stabmagnet

die Form des Feldes	die Flussdichte B	die Richtung des Feldes

• die bewegte Ladung q

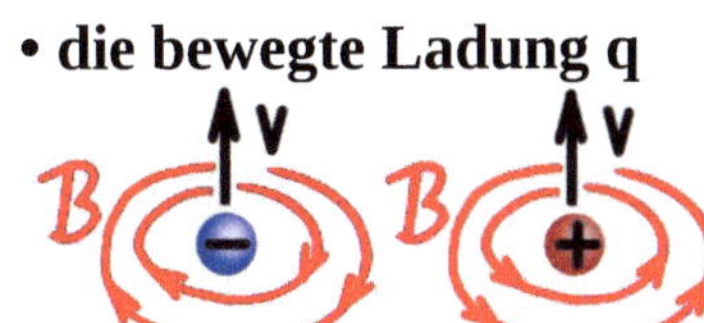 

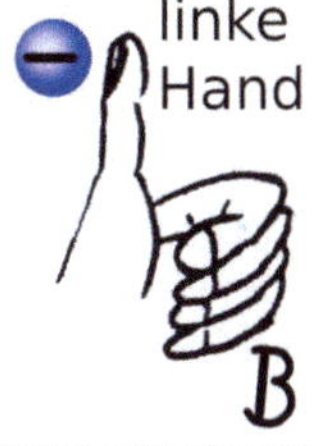 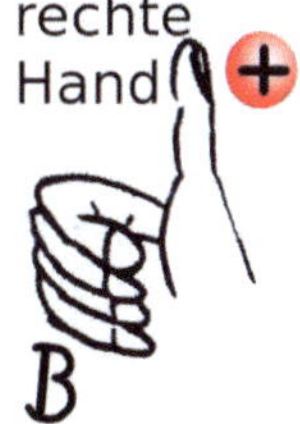

Jede bewegte Ladung erzeugt ein Magnetfeld (B-Feld).

• der elektrische Leiter

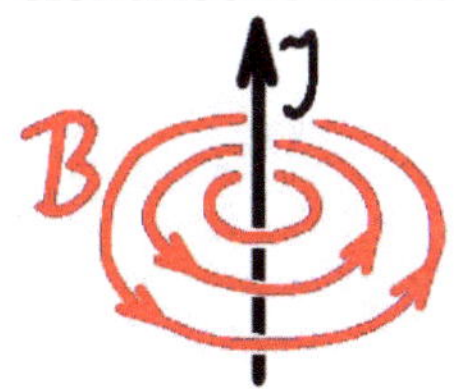

$$B = \mu_0 \mu_r \cdot \frac{I}{2 \cdot \pi \cdot r}$$

r = Abstand vom Leiter
B = magnetische Flussdichte
in Tesla = T = Vs/m²

Bewegte Elektronen in Leitern, Leiterschleifen und Spulen erzeugen auch ein Magnetfeld.

Rechte Hand (positiv): Verwenden Sie für positive Ladungsträger (und auch für die technische Stromrichtung I) immer die rechte Hand.
Die "Rechte-Hand-Regel" heißt auch "Korkenzieherregel".

• die Leiterschleife

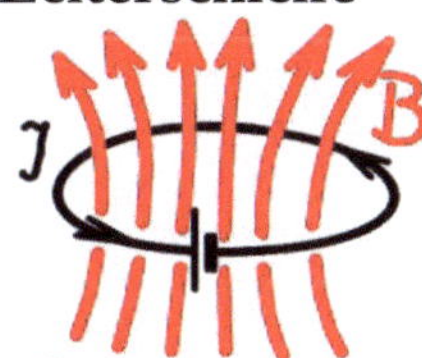

$$B = \mu_0 \mu_r \cdot \frac{I}{2 \cdot r}$$

r = Radius der Schleife
B = magnetische Flussdichte
in Tesla = T = Vs/m²
(ideal kreisförmige Schleife)

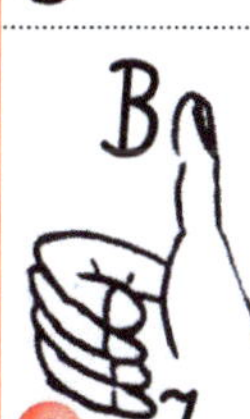

• die Spule

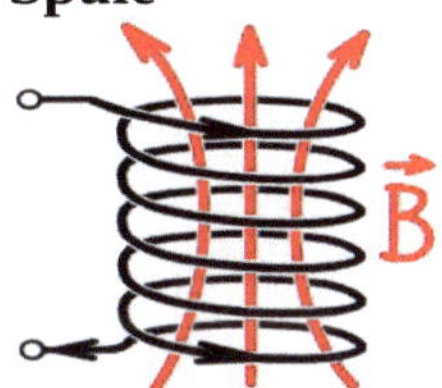

$$B = \mu_0 \cdot \mu_r \cdot \frac{N \cdot I}{l}$$

N = Anzahl der Windungen
l = Länge der Spule
B = magnetische Flussdichte
in Tesla = T = Vs/m²

Linke Hand (negativ): Verwenden Sie für negative Ladungsträger (z.B. Elektronen) immer die linke Hand.

• die Helmholtz Spule

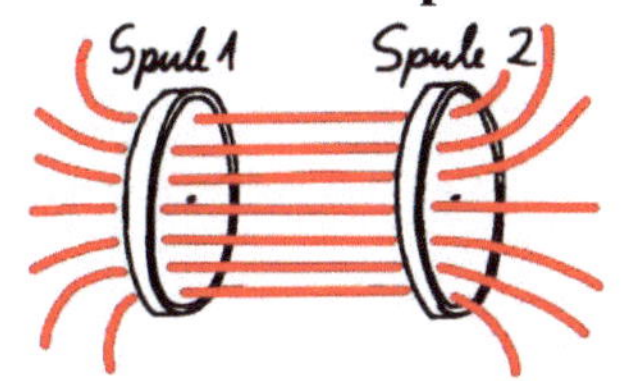

$$B = \mu_0 \cdot \mu_r \cdot \frac{8}{\sqrt{(125)}} \cdot \frac{N \cdot I}{r}$$

Mit Hilfe zweier Spulen im definierten Abstand (d=Spulenradius r) lässt sich ein homogenes Magnetfeld erzeugen. Homogene Magnetfelder werden für manche physikalischen Experimente benötigt.

• der Elementarmagnet

gleiche Ausrichtung der Elementarmagnete →
magnetischer Körper

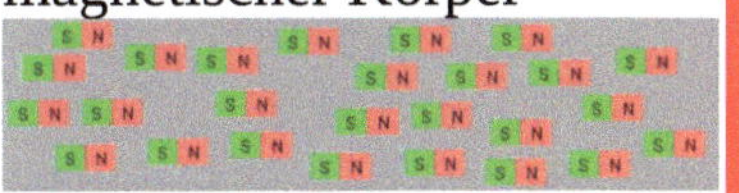

Elementarmagnete
s. Kapitel 5.1.4

Um einen Atomkern (=Himbeere aus Protonen und Neutronen) kreisen die Elektronen. Durch die Bewegung dieser Elektronen kann ein Magnetfeld entstehen. Wir bezeichnen solche Atome auch als "Elementarmagnet".

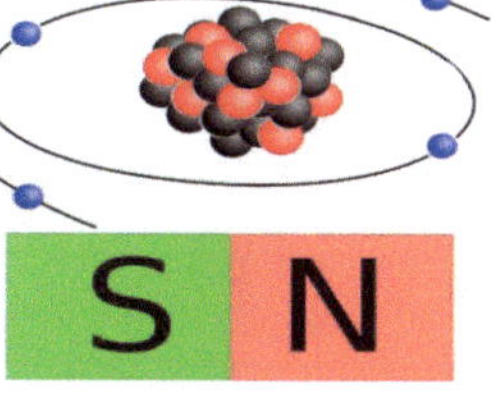

■ **Darstellung von Feldlinien**

Das magnetische Feld wird auch als <u>B-Feld</u> bezeichnet. B ist die Flussdichte. (Analog wird das elektrische Feld als <u>E-Feld</u> bezeichnet).

<table>
<tr><td colspan="2">Feldlinien von der Seite betrachtet
Die Pfeilspitzen der Feldlinien zeigen vom Nordpol zum Südpol. Bei unserer Erde ist der magnetische Nordpol im Süden. Die Bezeichnung ist <u>falsch rum</u>, weil man es früher nicht besser wusste.</td><td>Feldlinien von hinten
(symbolischer Pfeil von hinten)</td><td>Feldlinien von vorn
(symbolischer Pfeil von vorn)</td></tr>
<tr><td>Erdmagnetfeld</td><td>Stabmagnet</td><td></td><td></td></tr>
</table>

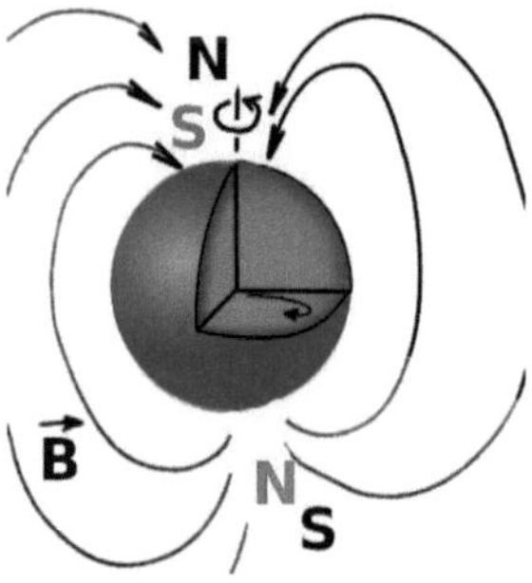

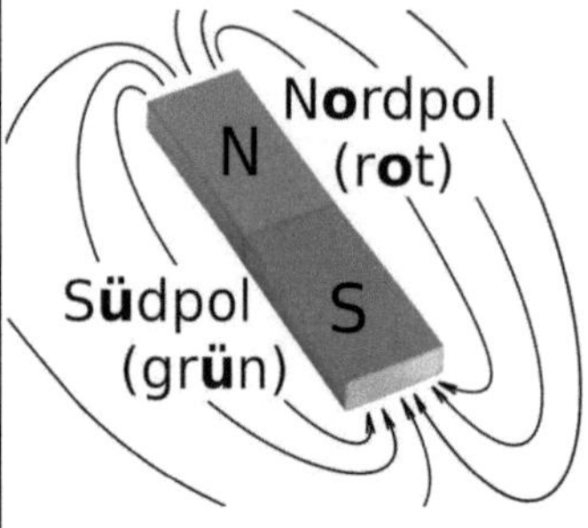

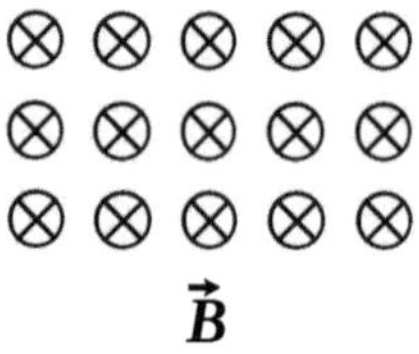

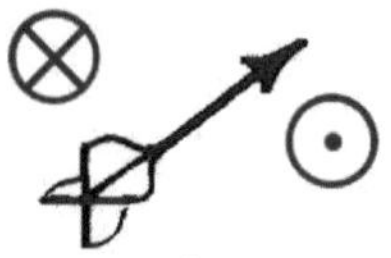

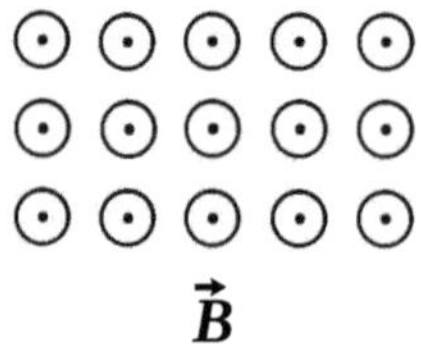

5.1.3 🎓🎓 Die Spule

magnetic (field-) energy	die magnetische (Feld-)energie	inductivity of the coil	die Induktivität der Spule
(= energy of the magnetic field)	(= Energie des Magnetfelds)	flux density	die Flussdichte B
countervoltage	die Gegenspannung	magnetic flux	der magnetische Fluss ϕ

■ Eigenschaften einer Spule

Der Wasserschlauch

- Das bewegte Wasser hat kinetische Energie.
- Zum Stoppen des Wassers muss erst die kinetische Energie abgebaut werden.
- Die träge Masse zwingt das Wasser zum Weiterfließen, beim Bremsen wird Druck aufgebaut.

Die Spule

- Das Magnetfeld der Spule hat magnetische Energie.
- Zum Stoppen des Stroms muss erst die magnetische Energie abgebaut werden.
- Die Spule zwingt den Strom zum Weiterfließen, indem sie eine Spannung aufbaut ($\rightarrow$ Selbstinduktion, Kapitel 5.3.1). Die induzierte Spannung wirkt der Stromänderung entgegen.

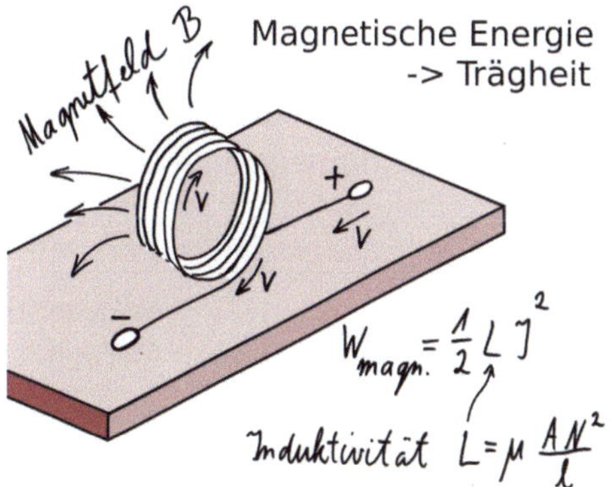

Die magnetische Energie wird verwendet zum Induzieren einer Gegenspannung, die jeder Stromänderung entgegenwirkt (s. Kapitel 5.3.1)

■ Formeln für die Spule

Die Induktivität einer (Zylinder-) Spule: Induktivität L beschreibt, wie wirkungsvoll eine Spule (=Elektromagnet) ist. Eine „kräftige" Spule mit vielen Windungen hat eine große Induktivität.

$$L = \mu_0 \mu_r \cdot \frac{N^2 A}{l} \quad \text{in H (Henry)}$$

Die magnetische Energie einer Spule: Magnetische Energie ist in jedem Magnetfeld enthalten. Zum Aufbau eines Magnetfeldes wird also Energie benötigt, zum Abbau des Feldes muss Energie abgegeben werden.

$$W_{magn} = \frac{1}{2} \cdot L \cdot I^2 \quad \text{in J (Joule)}$$

Die Flussdichte in einer Spule:

$$B = \mu_0 \mu_r \cdot \frac{N \cdot I}{l} \quad \text{in T (Tesla)}$$

Der magnetische Fluss:

$$\phi = B \cdot A \quad \text{in T·m}^2$$

N = Windungszahl
A = Spulenfläche
l = Spulenlänge
I = Spulenstrom
L = Induktivität der Spule

Flussdichten B diverser Leiter s. Kapitel 5.1.1

Die Kombination der Formeln für L, B und ϕ ergibt für den Fluss ϕ in einer Spule:

$$\phi = \frac{L \cdot I}{N}$$

1. **Der Verlauf der Flussdichte B(t) in Abhängigkeit vom Strom I(t):**
   In einer Spule der Windungszahl N =2000 und der Länge l =30mm fließt ein Strom I(t) in Abhängigkeit von der Zeit t. Bestimmen Sie die Stärke der magnetischen Flussdichte B(t) in Abhängigkeit von der Zeit t in Sekunden. Rechnen Sie die Einheiten vollständig um.

   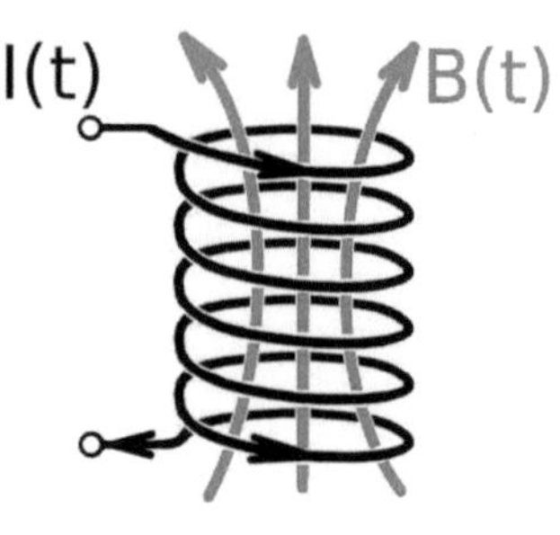

   Hinweise: Tesla = T = Vs/m². $\mu = \mu_0\,\mu_r$ mit μ_r =1 in Luft oder Vakuum.

   a) Für I(t) = konstant = 0,3 A.

   b) Für einen linear ansteigenden Strom I(t) von 0A auf 5A innerhalb einer Minute.

   - Skizzieren Sie zuerst den Stromverlauf I(t) in einem Diagramm.

   - Berechnen Sie dann den Verlauf der Flussdichte B(t).

   c) Für $I(t) = \hat{I}\cdot\sin(\omega\cdot t)$ | mit $\hat{I} = 500\,mA$, $\omega = 2\,\pi\cdot f$ und $f = 50\,s^{-1}$

   - Skizzieren Sie zuerst den Stromverlauf I(t).

   - Berechnen Sie dann den Verlauf der Flussdichte B(t).

2. **Spule, Kondensator und Wasserschlauch im Vergleich:** Zu welchem Zeitpunkt sind Spannung, Strom und Energie jeweils am größten? Kreuzen Sie an.

	Strom	Druck; Spannung	Energie
Beispiel a) Ein <u>Schlauch</u> ist mit Wasser gefüllt. Plötzlich öffnet jemand den Wasserhahn. Das Wasser beginnt zu fließen.	Wasserstrom beim Öffnen klein◯ groß◯ Wasserstrom später klein◯ groß◯	Wasserdruck beim Öffnen klein◯ groß◯ Wasserdruck später klein◯ groß◯	kinetische Energie bei kleinem Wasserstrom klein◯ groß◯ kinetische Energie bei großem Wasserstrom klein◯ groß◯
Beispiel b) Ein gewickelter <u>Draht</u> enthält Elektronen. Plötzlich schließt jemand einen Schalter. Es liegt Spannung an.	elektrischer Strom beim Schalten klein◯ groß◯ elektrischer Strom später klein◯ groß◯	elektrische Spannung beim Schalten klein◯ groß◯ elektrische Spannung später klein◯ groß◯	magnetische Energie bei kleinem Strom klein◯ groß◯ magnetische Energie bei großem Strom klein◯ groß◯
Beispiel c) Ein <u>Kondensator</u> besteht aus zwei Platten, zwischen denen kein Strom fließen kann. Plötzlich schließt jemand einen Schalter. Es liegt Spannung an.	elektrischer Strom beim Schalten klein◯ groß◯ elektrischer Strom später klein◯ groß◯	elektrische Spannung beim Schalten klein◯ groß◯ elektrische Spannung später klein◯ groß◯	elektrische Energie bei kleiner Spannung klein◯ groß◯ elektrische Energie bei großer Spannung klein◯ groß◯

5.1.4 🎓 Hartmagnetisch, weichmagnetisch, paramagnetisch und diamagnetisch

magnetic dipole	der magnetische Dipol (= der Elementarmagnet)	hard magnetic / magnetically hard soft magnetic / magnetically soft	hartmagnetisch weichmagnetisch
the reorientation of the field	die Umorientierung des Feldes	(=ferromagnetic)	(=ferromagnetisch)
coercivity	die Koerzitivfeldstärke	paramagnetic	paramagnetisch
permeability	die Permeabilität (siehe Kapitel 5.1.1)	diamagnetic	diamagnetisch

<table>
<tr><td colspan="2">Magnetische Stoffe</td><td>Nicht magnetische Stoffe</td></tr>
<tr><td colspan="2">Moleküle können durch ihre Elektronenbewegung magnetisch sein (siehe Magnetfelder bewegter Ladungen, Kapitel 5.1). Solche Teilchen nennen wir dann magnetische Dipole oder Elementarmagnete. Selbst ein Elektron an sich ist aufgrund seines Spins magnetisch.</td><td>In manchen Molekülen heben sich die Magnetfelder gegenseitig nahezu auf. Dann sind sie quasi nicht magnetisch.</td></tr>
<tr><td>Hartmagnetisch
(Werkstoff für Dauermagnete)</td><td>Weichmagnetisch
= ferromagnetisch</td><td>Paramagnetisch oder diamagnetisch</td></tr>
<tr><td> 

</td><td> 

</td><td> 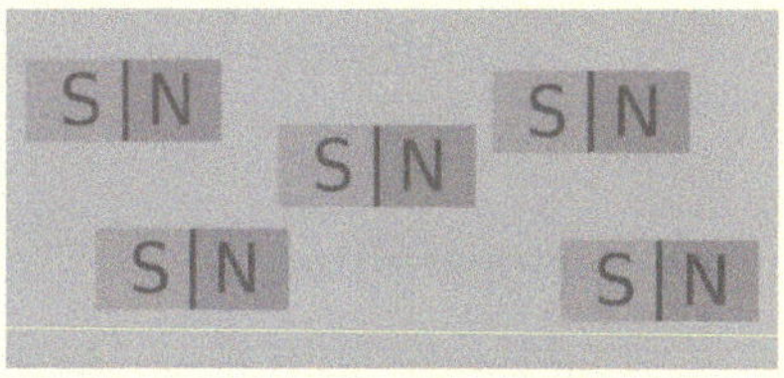

</td></tr>
<tr><td>Die Elementarmagnete sind fixiert und richten sich nur bei extrem starken, äußeren Magnetfeldern neu aus.</td><td>Die Elementarmagnete sind drehbar gelagert und richten sich spontan neu aus.</td><td>Die Elementarmagnete sind schwach und wirkungslos.</td></tr>
<tr><td>Hartmagnetische Stoffe werden je nach eigener Orientierung im Magnetfeld <u>angezogen oder abgestoßen</u>.</td><td>Weichmagnetische Stoffe werden <u>immer</u> von Magneten <u>angezogen</u>.</td><td>Nicht magnetische Stoffe werden nicht von Magneten angezogen.</td></tr>
</table>

Ferromagnetische und paramagnetische Stoffe sind ähnlich: Beide haben ungepaarte Elektronen und besitzen somit magnetische Dipole. Die sind aber im Ferromagnet extrem miteinander gekoppelt, ständig richten sich ganze Bereiche (Domänen) gleichmäßig aus. Paramagnete haben diese Domänen nicht. Hier verhindern thermische Effekte das perfekte Ausrichten. Nur einzeln und schwach richten sich die Dipole aus.

Diamagnetische Stoffe haben nur gepaarte Elektronen, deren Magnetfelder sich gegenseitig aufheben. Wie bei Feldspule und Induktionsspule (Kapitel 5.3.1) wird aber vom äußeren Magnetfeld eine kleine Spannung erzeugt, die ein winziges Gegenmagnetfeld erzeugt. Diamagnetische Stoffe stoßen sich also etwas ab.

- **Werkstoffe**

Hartmagnetisch	Weichmagnetisch	Paramagnetisch oder diamagnetisch
z.B. Neodym-Eisen-Bor Legierung	z.B. Eisen, Nickel oder Kobalt	Diamagnet: z.B. Wasser. Paramagnet: z.B. Sauerstoff.

- **Koerzitivfeldstärke**

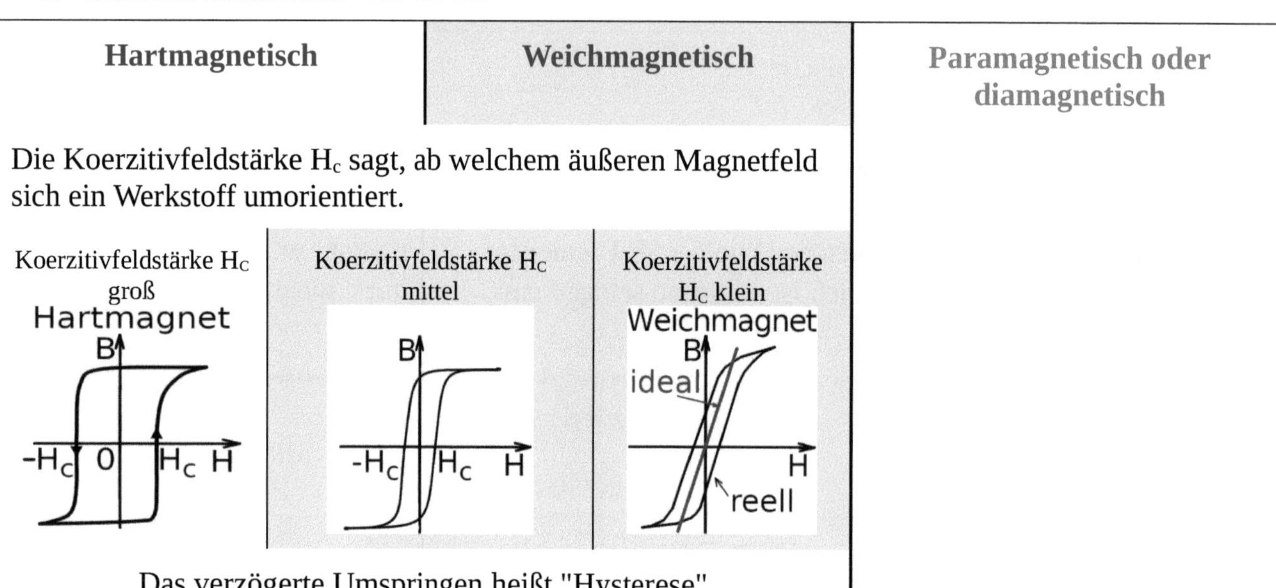

Hartmagnetisch	Weichmagnetisch	Paramagnetisch oder diamagnetisch

Die Koerzitivfeldstärke H_c sagt, ab welchem äußeren Magnetfeld sich ein Werkstoff umorientiert.

Das verzögerte Umspringen heißt "Hysterese"

- **Permeabilität** (siehe auch Kapitel 5.1.1)

  Die Permeabilität $\mu = \mu_0 \cdot \mu_r$ beschreibt den Grad der Magnetisierung im äußeren Magnetfed.

Hartmagnetisch	Weichmagnetisch	Paramagnetisch oder diamagnetisch
Das äußere Magnetfeld wird im Material nicht beeinflusst. $\mu = \mu_0$ 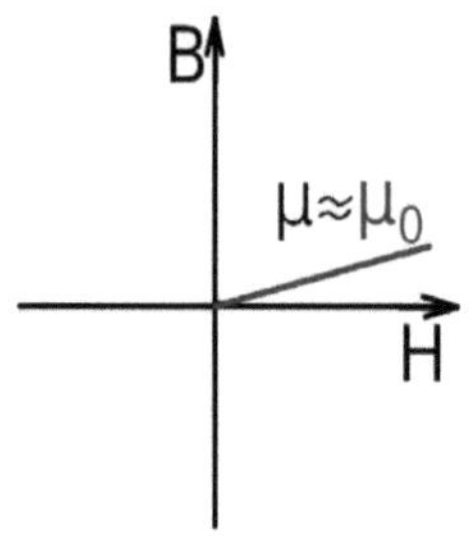 Grundsätzlich gilt: $\mu_r = 1$. Allerdings können extrem starke Magnetfelder die elementarmagnete ausrichten und werden dann noch weiter verstärkt.	Im weichmagnetischen Material wird ein äußeres Magnetfeld verstärkt. $\mu \gg \mu_0$ 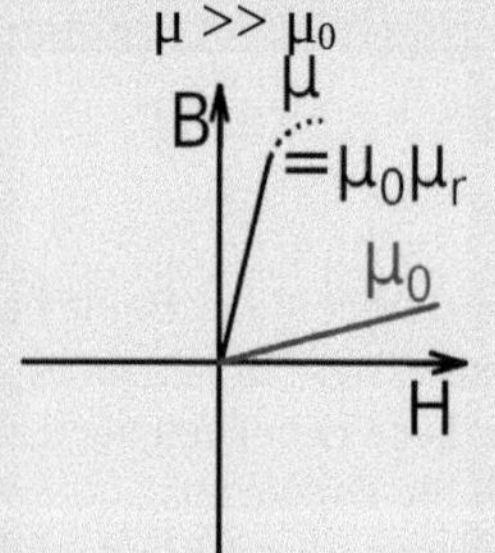 *ferromagnetisch* $(\mu_r \gg 1)$ *Eisen*: $\mu_r = 300..10.000$ *Kobalt*: $\mu_r = 80..200$	Das äußere Magnetfeld wird im Material kaum beeinflusst. $\mu \approx \mu_0$ 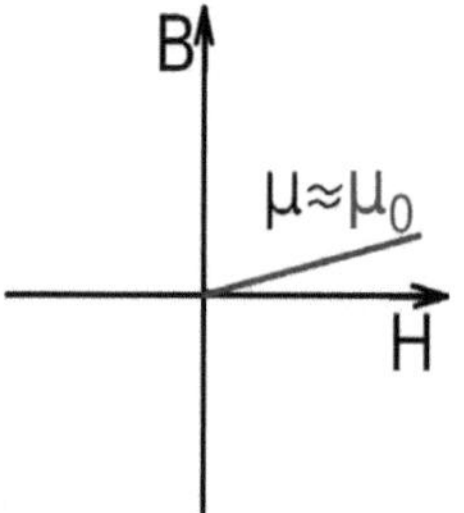 Grundsätzlich gilt: $\mu_r = 1$. Allerdings ist μ_r bei diqamagnetischen Stoffen (Kupfer, Wasser) etwas kleiner und bei paramagnetischen Stoffen (Stickstoff, Aluminium) etwas größer als 1.

1. **Hartmagnetisch, weichmagnetisch und nicht magnetisch:** Industriell gefertigte Dauermagnete werden in einem starken Magnetfeld aus kristallinem Pulver gepresst und gesintert. Die Werkstoffe sind sehr teuer.

   a) Werden für den Dauermagneten hartmagnetische oder weichmagnetische Werkstoffe verwendet? Erklären Sie anhand der Eigenschaften der Elementarmagnete, welchen Werkstoff Sie wählen.

   b) Sortieren Sie nach hartmagnetisch, weichmagnetisch und nicht magnetisch:

      - Der Werkstoff verstärkt jedes äußere Magnetfeld.

      - Die Elementarmagnete sind so fest eingespannt, dass sie sich kaum drehen können.

      - Die Elementarmagnete sind extrem schwach und quasi wirkungslos.

      - Der Werkstoff wird für Dauermagnete verwendet.

      - Eisen, Nickel und Kobalt haben diese Eigenschaft.

   c) Sortieren Sie die Bilder nach hartmagnetisch, weichmagnetisch und nicht magnetisch. Erklären Sie die Abbildungen.

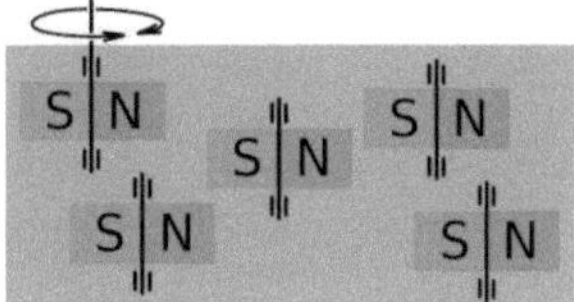
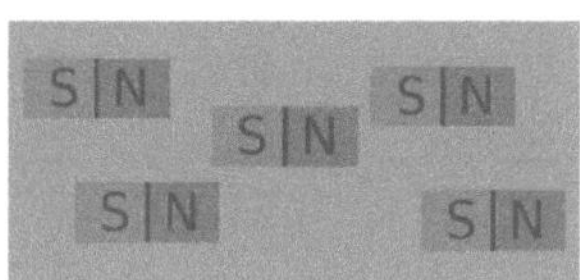

field strength	die Feldstärke	gravitational field strength	die Gravitationsfeldstärke g
flux density	die Flussdichte	=acceleration due to gravity	=Erdbeschleunigung
flux	der Fluss	electric field strength	die elektrische Feldstärke E
		magnetic flux density	die magnetische Flussdichte B

	Das Schwerefeld = Gravitationsfeld (s. Band 2)	**Das elektrische Feld** (s. Kapitel 3)	**Das Magnetfeld**
Die Feldstärke	Gravitationsfeldstärke (oder Erdbeschleunigung) g $$g = G \cdot \frac{m}{r^2} = 9{,}81\,m/s^2$$ in $\frac{m}{s^2}$	elektrische Feldstärke E $$\vec{E} = \frac{\vec{U}}{d}$$ in $Volt\ pro\ Meter = \frac{V}{m}$	magnetische Feldstärke H in Ampere pro Meter $= \frac{A}{m}$
Die Flussdichte (=Fluss pro Fläche)		elektrische Flussdichte D (= Verschiebung D) $$\vec{D} = \epsilon \cdot \vec{E} \qquad in\ \frac{As}{m^2}$$ (im Kondensator identisch mit der Flächenladungsdichte σ)	magnetische Flussdichte B $$\vec{B} = \mu \cdot \vec{H}$$ in $Tesla\ T = \frac{Vs}{m^2}$
Der Fluss (=Flussdichte mal Fläche)		elektrischer Fluss Φ_{el} $$\vec{\Phi}_{el} = \vec{D} \cdot \vec{A} = \int \vec{D} \cdot d\vec{A}$$ in $V \cdot m$	magnetischer Fluss $\Phi = B \cdot A$ $$\vec{\Phi}_{magn} = \vec{B} \cdot \vec{A} = \int \vec{B} \cdot d\vec{A}$$ in $Weber\ Wb = T \cdot m^2 = Vs$ $(Voltsekunde)$
Die Feldkonstanten	Gravitationskonstante G $$G = 6{,}674 \cdot 10^{-11}\,\frac{m^3}{kg \cdot s^2}$$	absolute Permittivität ε relative Permittivität ε_r Vakuum Permittivität ε_0 $$\varepsilon_0 = 8{,}854 \cdot 10^{-12}\,\frac{As}{Vm}$$	absolute Permeabilität μ relative Permeabilität μ_r Vakuum Permeabilität μ_0 $$\mu_0 = 4 \cdot \pi \cdot 10^{-7}\,\frac{Vs}{Am}$$

- H = magnetische Feldstärke
- B = magnetische Flussdichte
- Φ = magnetischer Fluss
- A = Fläche , durch die das Feld fließt
- E = elektrische Feldstärke in V/m
- U = Spannung in V
- d = Plattenabstand in m

- D = elektrische Flussdichte
- Φ_{el} = elektrischer Fluss
- g = Gravitationsfeldstärke in m/s^2 = N/kg
- G = Gravitationskonstante
- m = Masse des Felderzeugenden Planeten
- r = Abstand zum Mittelpunkt des Planeten

  © Badett.de

5.2 Teilchen im Magnetfeld

5.2.1 Die Lorentzkraft

electric force = coulomb force	die elektrische Kraft = Coulombkraft	magnetic force = lorentz force	die magnetische Kraft = Lorentzkraft

■ **Die Kraft auf bewegte, elektrische Ladungen heißt Lorentzkraft**

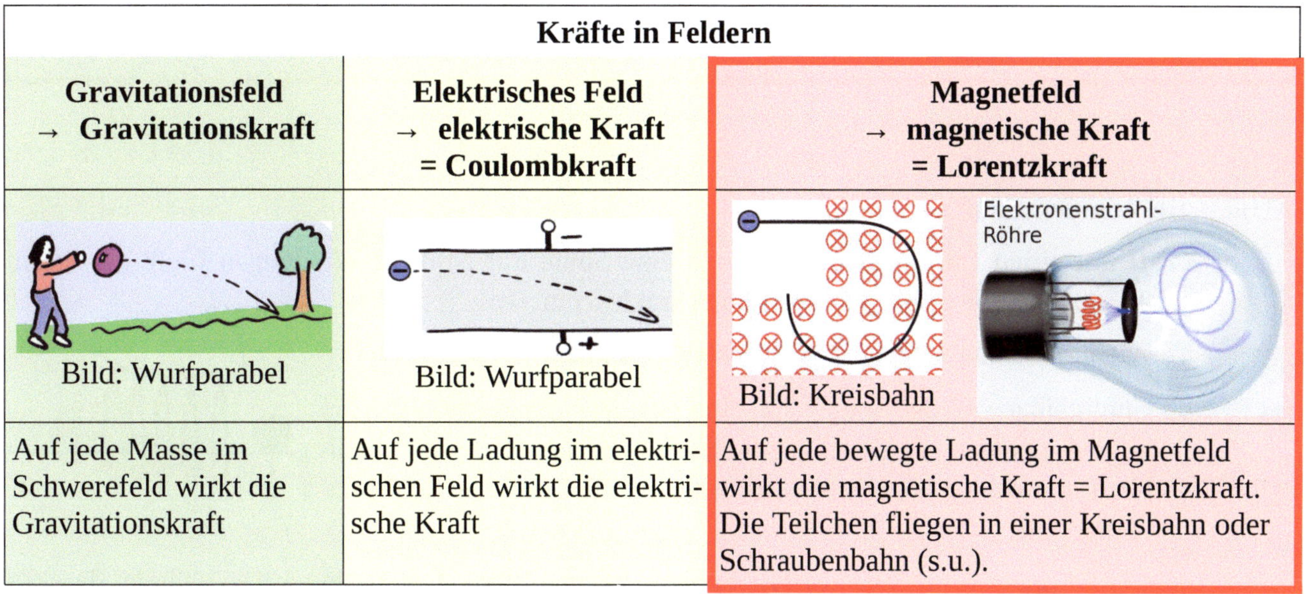

■ **Lorentzkraft: Formeln**

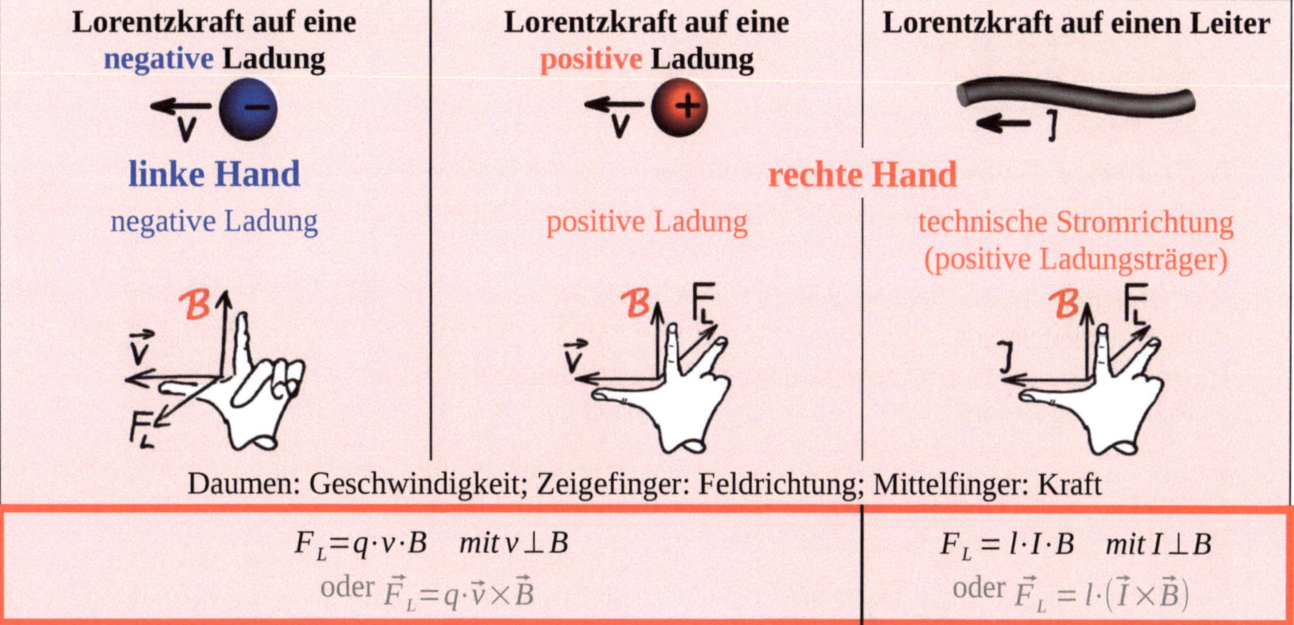

$$F_L = q \cdot v \cdot B \quad mit\ v \perp B$$
$$oder\ \vec{F}_L = q \cdot \vec{v} \times \vec{B}$$

$$F_L = l \cdot I \cdot B \quad mit\ I \perp B$$
$$oder\ \vec{F}_L = l \cdot (\vec{I} \times \vec{B})$$

g = Gravitationsfeldstärke
E = elektrische Feldstärke
H = magnetische Feldstärke
B = $\mu \cdot$H = magnetische Flussdichte
$\mu = \mu_0 \cdot \mu_r$ = absolute Permeabilität
μ_r = relative Permeabilität
μ_0 = Vakuum Permeabilität

F_L = magnetische Kraft = Lorentzkraft

q = Ladung (z.B. Elektronenladung e⁻)
v = Geschwindigkeit des Teilchens
I = Strom
l = Länge der Leitung

■ **Die Kreisbahn der Ladungen im Magnetfeld**

Wenn eine Lorenzkraft wirkt, dann fliegen die Teilchen im Kreis. Denn die Kraft wirkt immer senkrecht zur Geschwindigkeit v.

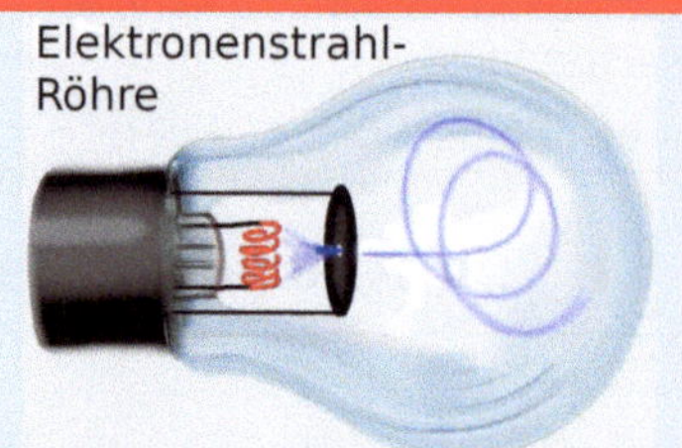

$$F_L = F_Z$$

$$\Leftrightarrow q \cdot v \cdot B = \frac{m \cdot v^2}{r}$$

Lorentzkraft und Zentrifugalkraft stehen im Gleichgewicht. Dadurch entsteht eine Kreisbahn.

Hat das Teilchen zusätzlich eine Geschwindigkeit in z-Richtung, dann entsteht eine Schraubenbahn (siehe Bild rechts).

AUFGABEN (Lorentzkraft):

1. **Kraft auf einen Ladungsträger:** Durch eine Spule mit N=8000 Windungen fließt ein Strom von I=500 mA. Die Spule hat eine Länge von l=5 cm.

   a) Wie groß ist die magnetische Flussdichte B in der Spule?

   b) Unmittelbar vor der Spule fällt eine geladene Kugel ($6 \cdot 10^{-9}$ C) mit der momentanen Geschwindigkeit v = 10 m/s. Wie groß ist die Kraft, mit der sie abgelenkt wird, während sie gerade an der Spule vorbei fällt?

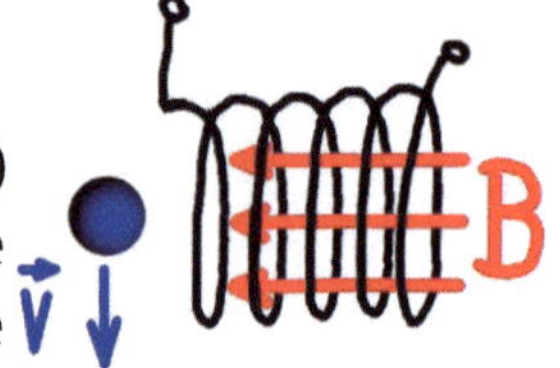

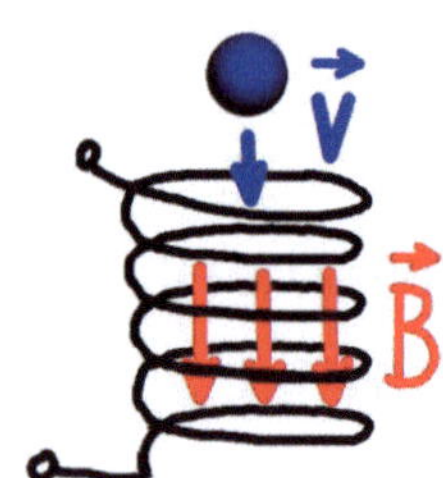

   c) Die Spule hat keinen Kern. Die Spule wird so gedreht, dass die Kugel hindurch fallen kann. Wie groß ist die magnetische Kraft auf die geladene Kugel, wenn sich die Kugel gerade in der Spulenmitte befindet? Erklären Sie die „Linke-Hand-Regel" für diesen Fall.

2. **Braunsche Röhre:** In einem Röhrenfernseher werden Elektronen von einer Glühkathode freigesetzt. Eine Anodenspannung von 30 kV beschleunigt diese Elektronen.

   I Heizdraht (setzt Elektronen frei)
   II Beschleunigungskondensator
   III Ablenkspule (beim Fernseher) oder Ablenkkondensator
   (beim Oszilloskop)

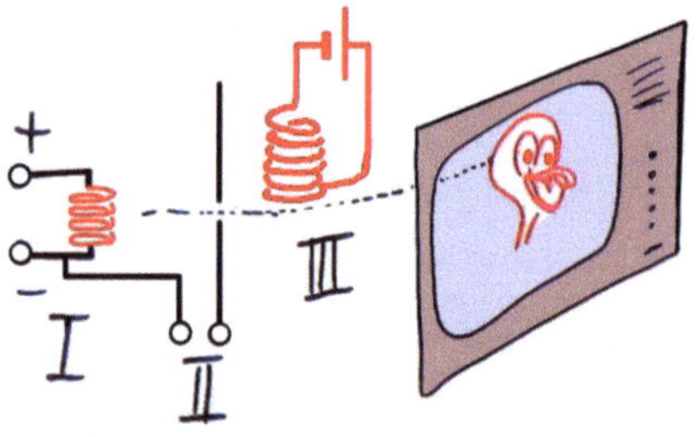

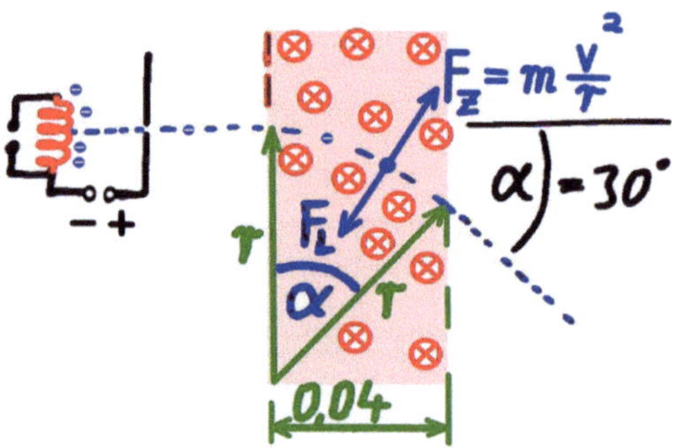

   a) Wie groß ist die Geschwindigkeit der beschleunigten Elektronen?

   b) Die beschleunigten Elektronen gelangen jetzt in die Ablenkeinrichtung. Dort werden sie mit Hilfe eines Magnetfelds abgelenkt, um jede Position des Bildschirms zu erreichen. Die Elektronen durchlaufen das Magnetfeld auf einer Strecke von 4 cm. Wie groß ist die Flussdichte B, wenn die Elektronen um 30 Grad abgelenkt werden?

   Hinweis: Berechnen Sie zuerst den Radius der Bahn anhand der Geometrie. Berechnen Sie danach die Flussdichte.

 ©Badelt.de

3. **Mittlere Geschwindigkeit eines Elektrons im Leiter:** Durch einen 5m langen Leiter, der horizontal auf der Erde liegt, fließt ein Strom von 3 Ampere.

   a) Warum übt das Erdmagnetfeld eine Kraft auf den Leiter aus?

   b) Das Erdmagnetfeld hat in Europa eine Stärke von ungefähr B =48 µT. Wie groß ist die Kraft auf den Leiter, wenn das Feld senkrecht zum Leiter steht?

   c) Im Leiter befinden sich 10^{20} Elektronen. Welche mittlere Geschwindigkeit haben diese Elektronen (Hinweis: $F_L = q \cdot v \cdot B$)?

4. **Polarlichter:** Das Erdmagnetfeld hat eine Flussdichte von etwa B =30µT am Äquator und B =60µT an den Polen. Der Sonnenwind (Elektronen, Protonen und Heliumkerne von der Sonne) trifft mit einer Geschwindigkeit von v =400 km/s auf die Erde. Der Sonnenwind ist rechts mit schwarzen Pfeilen dargestellt.

   a) Beschreiben Sie am Bild rechts, in welche Richtung negatives Teilchen des Sonnenwinds abgelenkt wird, wenn es im Punkt A auf die Erde trifft. In welche Richtung würde dort ein positives Teichen abgelenkt? Hinweis: Der magnetische Nordpol ist am geographischen Südpol.

   b) Wie groß wäre die Lorentzkraft im Punkt A auf ein Elektron?

   c) Beschreiben Sie am Bild rechts, in welche Richtung ein negatives Teilchen des Sonnenwinds im Punkt B abgelenkt wird.

   d) Radioaktive Beta-Strahlung besteht aus sehr schnellen Elektronen und kann Krebs auslösen. Wo ist ein Mensch am sichersten? In der Nähe des Punktes A im Flugzeug, in der Nähe des Punktes A auf dem Erdboden, oder in der Nähe des Punktes B auf dem Erdboden?

   e) Erklären Sie, warum Polarlichter vorwiegend in Skandinavien zu beobachten sind.

5. **Richtung von Kräften und Feldern:** Die Abbildung zeigt eine Leiterschleife, in der I =3A fließen. Die Leiterschleife hat eine Breite von 2 cm und wird mit einer Kraft von F_L =0,2N nach unten gezogen.

   a) Berechnen Sie die magnetische Flussdichte B in der Spule.

   b) Welche Richtung hat das Magnetfeld?

   c) Wo befindet sich der Nordpol der Spule?

   d) Warum spielen zur Berechnung von B die Kräfte auf die senkrechten Leiterabschnitte keine Rolle? In welche Richtungen wirken diese beiden Kräfte? Erzeugen sie ein Drehmoment?

   e) Erklären Sie die Korkenzieherregel (Rechte-Hand Regel) zur Bestimmung der Feldrichtung einer Spule.

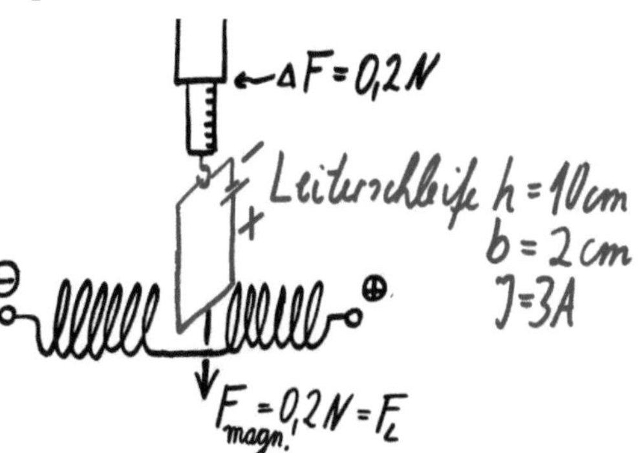

ladder swing	die Leiterschaukel	deflection of electrons	die Ablenkung der Elektronen
Hall probe	die Hallsonde	Hall constant	die Hallkonstante R_H

Die Leiterschaukel

Magnetische Kraft auf einen stromdurchflossenen Leiter

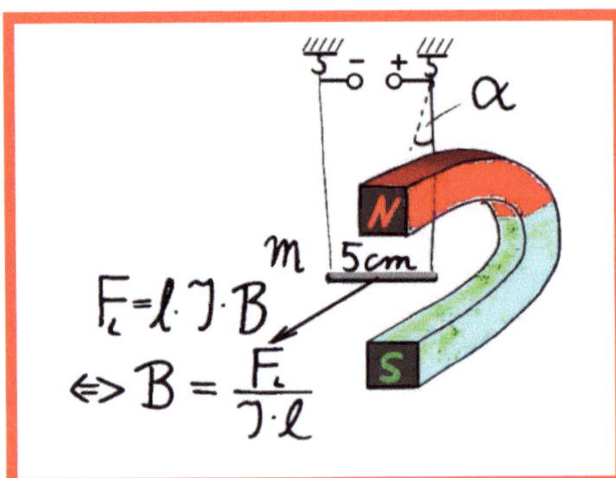

Bild: Die Leiterschaukel wird in das Magnetfeld gehängt. Je stärker die magnetische Flussdichte B, desto stärker ist die Kraft auf den stromdurchflossenen Leiter.

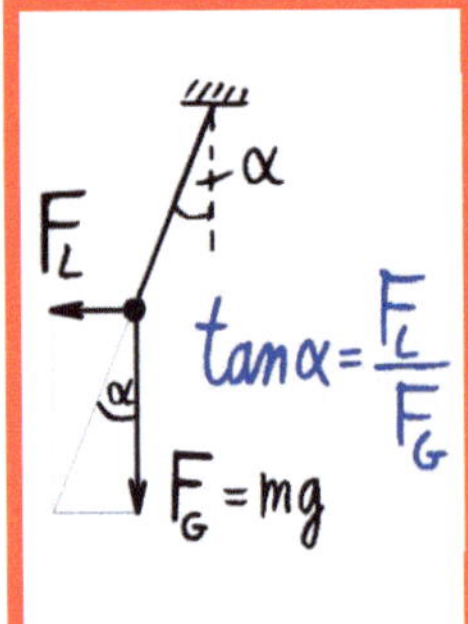

Die magnetische Kraft F_L auf die Leiterschleife lässt sich ausrechnen, nachdem der Winkel α gemessen wurde:

$$F_L = F_G \cdot \tan(\alpha)$$

Die Hall-Sonde

Magnetische Kraft auf Elektronen im Leiter

(Edwin Hall, Physiker, USA, 1855-1938)

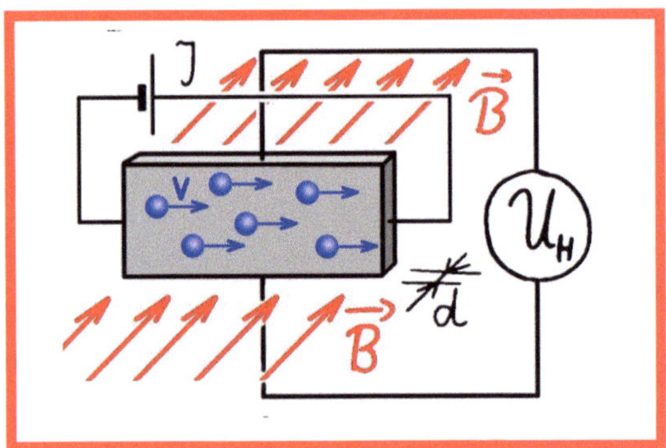

Bild: Im Metallplättchen (Hallplättchen, grau) fließen Elektronen von links nach rechts. Die Lorentzkraft $F_L = q \cdot v \cdot B$ lenkt die Elektronen nach unten ab. Dadurch entsteht eine Hallspannung U_{Hall}.

$$U_H = R_H \cdot \frac{I \cdot B}{d} \qquad \Leftrightarrow B = \frac{U_H \cdot d}{R_H \cdot I}$$

Der Proportionalitätsfaktor R_H heißt Hallkonstante. Das ist eine Materialkonstante. (Hallkonstante = Kehrwert aus Elektronendichte mal Elektronenladung).

Beispiel: R_H(Silber)= $0{,}9 \cdot 10^{-10}$ m³/As

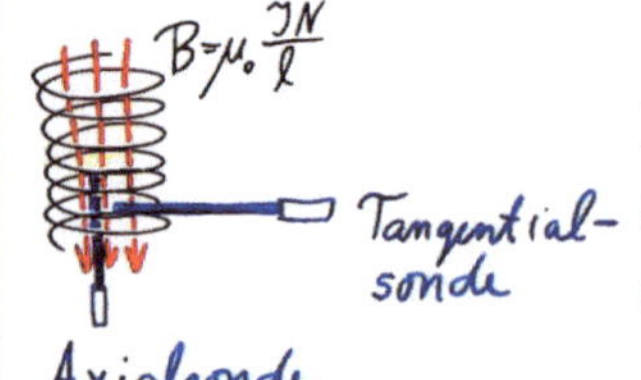

Hallsonden werden als Axialsonde und als Tangentialsonde verkauft.

AUFGABEN

1. Magnetfeldmessung mit Leiterschaukel

Eine stromdurchflossene Leiterschaukel (horizontale Stablänge 5 cm, Masse 4 Gramm, Leitungsmasse 0 Gramm) wird um 10 Grad ausgelenkt. Die Stromstärke beträgt I =2A.

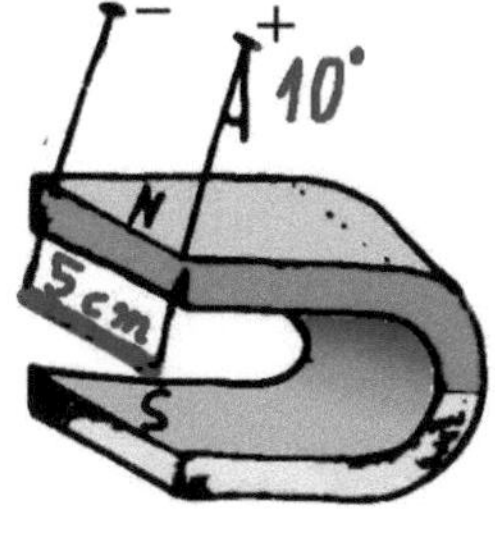

a) Tragen Sie die wirkenden Kräfte (Gewichtskraft und Lorenzkraft) in die Zeichnung ein.

b) Berechnen Sie die magnetische Flussdichte B.

c) In welche Richtung fließt der Strom, wenn sich der Nordpol oben und der Südpol unten befindet?

2. Magenetfeldmessung mit Hall-Sonde

a) Nennen Sie das zugrunde liegende, physikalische Prinzip bei der Magnetfeldmessung mit der HALL-Sonde. Skizzieren und erklären Sie die Funktionsweise der Hall-Sonde.

b) Die magnetische Flussdichte sei B=2mT, gemessen wird eine Hallspannung von U_H =1,2 µV. Das Hallplättchen hat eine Höhe von 3mm und eine Dicke von 0,2 mm. Berechnen Sie die Drift-Geschwindigkeit der Elektronen (s. auch Teilchenfilter, Kapitel 6.3).

c) Eine Hallsonde soll kalibriert werden. Das heißt, die Hallkonstante R_H soll bestimmt werden. Dazu wird zunächst eine Spule so kalibriert, dass ihr Zusammenhang zwischen Spulenstrom und Flussdichte bekannt ist.

- Welche Größen müssen Sie messen, um R_H zu bestimmen?

- Beschreiben Sie den vollständigen Vorgang zur Kalibrierung der Hallsonde.

d) Bei einer Hall-Sonde wird ein Silberplättchen der Dicke 15 µm verwendet. Die Hallkonstante von Silber beträgt bei Zimmertemperatur $0,9 \cdot 10^{-10}$ m³/As. Bei einem Strom von 10A werden 16 µV gemessen. Wie groß ist die magnetische Flussdichte B?

e) Für die Hallkonstante gilt: $R_H = \dfrac{1}{n \cdot e}$. Dabei ist e die Elektronenladung und n ist die Dichte der freien Elektronen. Wie viele freie Elektronen befinden sich in einem mm³ Silber?

5.3 Das Magnetfeld verursacht eine Spannung (Induktion)

5.3.1 🎓🎓 Induktion und Selbstinduktion

the field coil (first coil)	die Feldspule (erste Spule)	induction	die Induktion
	= Erregerspule	derivation	die Herleitung
the induction coil (second coil)	die Induktionsspule (zweite Spule)	derivative, derivation	die Ableitung

■ **Begriffe**

① Die Feldspule oder Erregerspule (=erste Spule) erzeugt ein **Magnetfeld (B-Feld) aus dem Strom I.**

②a Die Induktionsspule (=zweite Spule) erzeugt eine Spannung aus dem Magnetfeld.
Das Erzeugen dieser Spannung heißt **Induktion**.

Achtung: Eine Spannung U wird nur induziert, wenn sich das Feld B ändert. **Punkt heißt Änderung oder Ableitung nach der Zeit:**

$$\dot{I} \rightarrow \dot{B} \rightarrow U$$

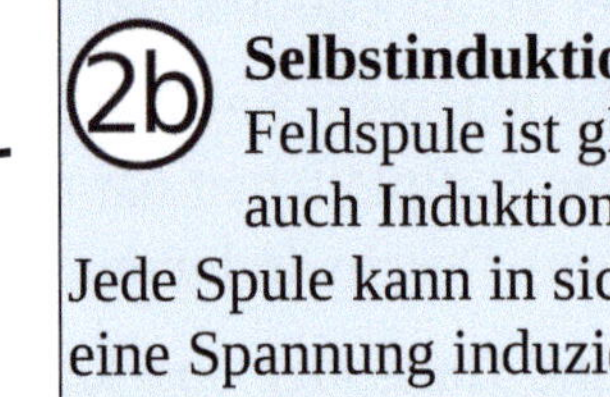

②b Selbstinduktion: Die Feldspule ist gleichzeitig auch Induktionsspule.
Jede Spule kann in sich selbst eine Spannung induzieren, wenn ihr Strom I sich ändert.

■ **Formeln**

Feldspule ($\dot{I} \rightarrow \dot{B}$) s. Kapitel 5.1.1 Die erste Spule (oder ein Leiter) erzeugt aus dem Strom ein Magnetfeld.	**Induktionsspule ($\dot{B} \rightarrow U$)** Das Magnetfeld erzeugt in der zweiten Spule (oder in einem Leiter) eine Spannung.
• **die Spule** 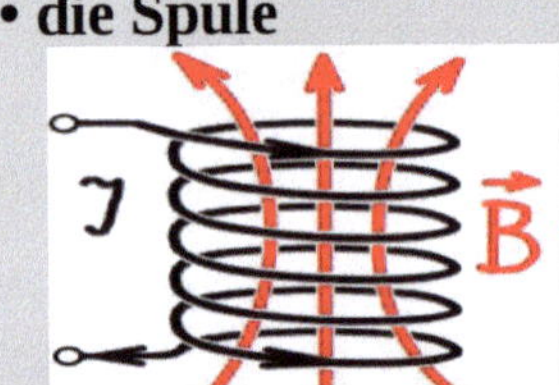 $B = \mu_0 \cdot \mu_r \cdot \dfrac{N \cdot I}{l}$	• **die Spule** 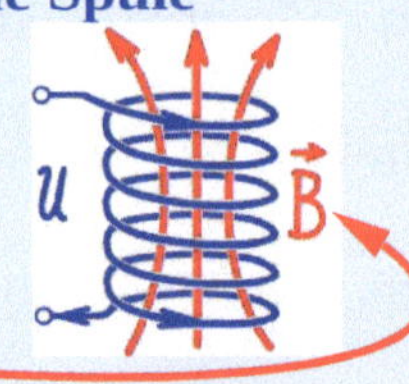 $U_{ind} = -N \cdot \dot{\phi} = -N \cdot (B \cdot A)^{\cdot}$ **Das Minus:** Strom erzeugt ein Magnetfeld. Das Magnetfeld erzeugt dann eine <u>dem Strom entgegen gerichtete Spannung</u>.
• **die Leiterschleife** 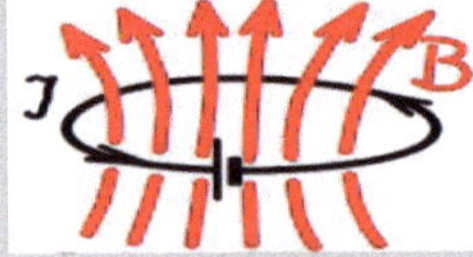 $B = \mu_0 \mu_r \cdot \dfrac{I}{2 \cdot r}$ r = Radius der Schleife	• **die Leiterschleife**  $U_{ind} = -\dot{\phi} = -(B \cdot A)^{\cdot}$
• **der elektrische Leiter**  $B = \mu_0 \mu_r \cdot \dfrac{I}{2 \cdot \pi \cdot r}$ r = Abstand vom Leiter	• **der bewegte Leiter** $U_{ind} = -B \cdot l \cdot v$

I = Strom	l = Länge des Leiters	U_{ind} = induzierte Spannung
B = magnetische Flussdichte	v = Geschwindigkeit des Leiters	Φ = magnetischer Fluss
$\mu = \mu_0 \cdot \mu_r$ = absolute Permeabilität	N = Anzahl der Windungen	= Flussdichte B mal Fläche A
r = Abstand vom Mittelpunkt	A = Spulenquerschnitt	

 © Badell.de

- ## ■ Änderung von B oder A

Eine Spannung kann also nur dann induziert werden, wenn sich die Flussdichte B ändert, oder wenn sich die Fläche A ändert:

$$U_{ind} = -N \cdot \dot{\phi}$$
$$= -N \cdot (B \cdot A)^{\cdot}$$
$$= -N(\dot{B} \cdot A + B \cdot \dot{A})$$

Die Ableitung nach x in der Mathematik (Produktregel):

$$f(x) = u \cdot v$$
$$f'(x) = u' v + u v' \quad \text{← Ableitung}$$

Der Punkt bedeutet in der Physik die Ableitung nach der Zeit t:

$$\phi(t) = B \cdot A$$
$$\dot{\phi}(t) = \dot{B} A + B \dot{A} \quad \text{← Ableitung nach der Zeit } t$$

<table>
<tr><th colspan="1">Feldspule (erste Spule):</th><th colspan="2">Induktionsspule (zweite Spule):</th></tr>
<tr><td>Feld B ändern durch Änderung des Stroms I</td><td>Fläche A ändern durch Drehung</td><td>Fläche A ändern durch Verschieben.</td></tr>
</table>

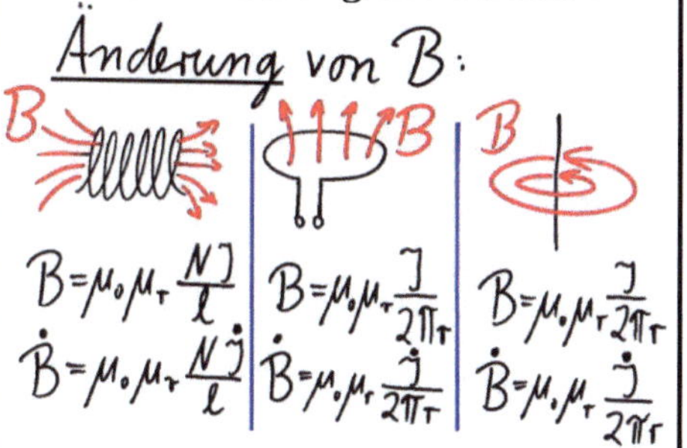

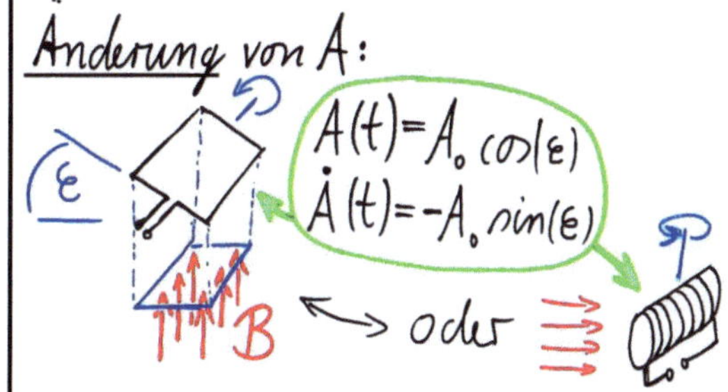

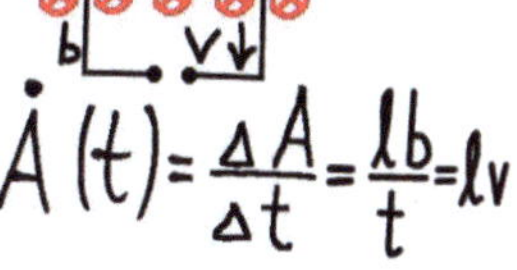

<table>
<tr><td>Änderung des Magnetfelds durch Änderung des Stroms I</td><td>Änderung der vom Magnetfeld durch-strömten Fläche durch <u>Rotation</u></td><td>oder durch <u>Verschiebung</u></td></tr>
</table>

- ## ■ Die Selbstinduktion

Die Spule ist gleichzeitig Feldspule und Induktionsspule

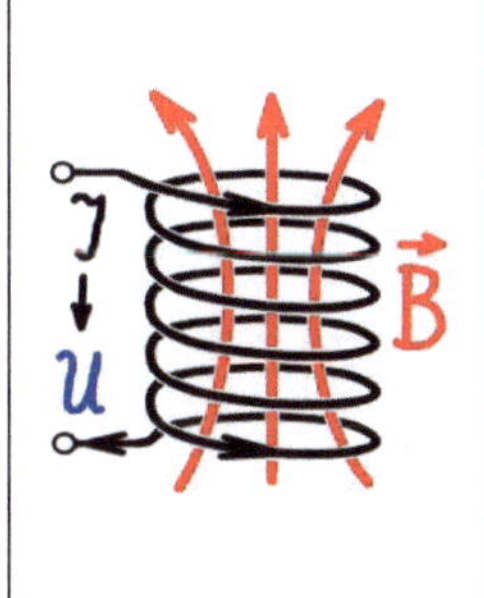

$$U_{ind} = -L \cdot \dot{I}$$

mit

$$L = \mu_0 \mu_r \cdot \frac{N^2 A}{l}$$

(s. Kapitel 5.1.3)

In der Spule befindet sich ein Magnetfeld und damit magnetische Feldenergie. Diese Energie wirkt, wie die kinetische Energie einer trägen Masse: Sie wirkt jeder Änderung (des Stroms) entgegen.

Das **Minus** bedeutet, dass die induzierte Spannung anders herum gerichtet ist, als der Strom. Das liegt daran, dass die Spule ein Spannungserzeuger ist. Bei einem Verbraucher, z.B. einem Widerstand U=R·I haben Strom und Spannung die gleiche Richtung.

Änderung von I:
I(t) ist gegeben, z.B.
$$\dot{I}(t) = \text{Steigung} = \frac{dI}{dt} \approx \frac{\Delta I}{\Delta t}$$

- ## ■ Berechnung des Stroms I in einer Induktionsspule:

Mit den Formeln können wir nur die induzierte Spannung berechnen, nicht den Strom. Wenn aber der Widerstand des Stromkreises bekannt ist, in dem sich die Induktionsspule befindet, dann lässt sich der Strom über das Ohmsche Gesetz $I = U/R$ berechnen.

AUFGABEN

1. **Induktion in einer Spule – Änderung von B**: Eine Feldspule hat eine Länge von 0,2 m, einen Querschnitt von 5 cm² und 1500 Windungen. Durch sie fließt ein Strom, der gleichmäßig in 0,02s von 0 auf 2A steigt.

   a) Wie groß ist die Änderung des Stroms pro Zeit $\dot{I}(t) = \dfrac{d}{dt}I(t) = \dfrac{\Delta I}{\Delta t}$?

   b) Wie groß ist die Änderung $\dot{B}$ der magnetischen Flussdichte B?

   ($\dot{B}(t) = \dfrac{d}{dt}B(t) = \dfrac{\Delta B}{\Delta t}$ in Tesla pro Sekunde)

   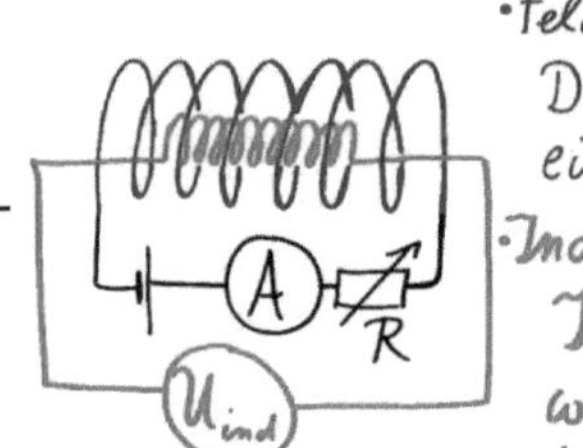

   c) Innerhalb dieser Feldspule befindet sich eine kleine Induktionsspule. Diese hat 200 Windungen und einen Querschnitt von 1 cm². Wie groß ist die induzierte Spannung?

   d) Jetzt ändert sich der Stromverlauf in der Feldspule. Er hat jetzt die Größe

   $$I(t) = 6000\,\frac{A}{s^2}\,t^2 + 30\,\frac{A}{s}\,t$$ für 0s < t < 0,02 s. Wie groß ist jetzt die Änderung des Stroms pro Zeit $\dot{I}(t) = \dfrac{d}{dt}I(t)$?

   e) Berechnen Sie den neuen Spannungsverlauf U(t) in der Induktionsspule.

2. **Selbstinduktion einer Spule – Änderung von I:**

   Selbstinduktion heißt, dass Feldspule und Induktionsspule identisch sind. Die Spule induziert also eine Spannung in sich selbst.

   a) Wie groß ist die Selbstinduktionsspannung U_{ind} beim Ausschalten einer Spule der Induktivität L=0,5 H (Die Stromstärke fällt, wie rechts abgebildet)?

   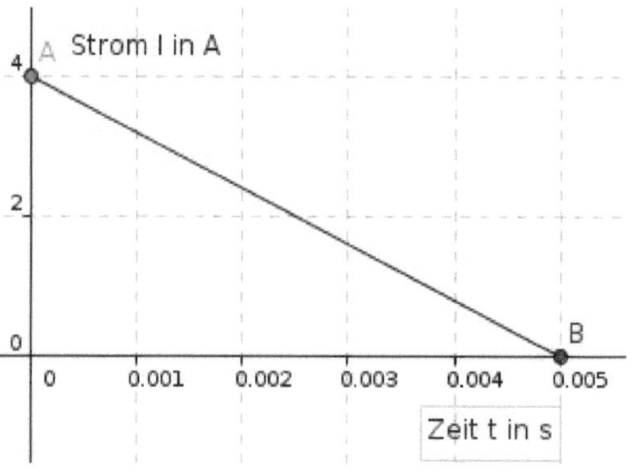

   b) Eine andere Spule hat den gleichen Stromverlauf. Ihre Induktionsspannung (Selbstinduktion) beträgt 100V. Welche Induktivität hat diese Spule?

3. **Induktion in einer Leiterschleife – Änderung von B und Änderung von A:** Eine quadratische Leiterschleife hat eine Kantenlänge von 6 cm. Senkrecht zu ihr verläuft ein Magnetfeld.

   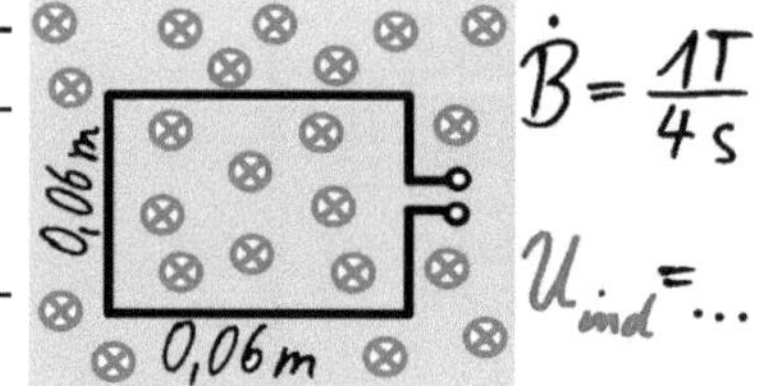

   a) Das Magnetfeld ändert seine Stärke innerhalb von 4 Sekunden von 0 auf 1 Tesla. Wie groß ist die induzierte Spannung?

   b) Die Leiterschleife bewegt sich mit der Geschwindigkeit v = 0,5 m/s im Magnetfeld (konstante Feldstärke 0,3 Tesla). Wie groß ist die induzierte Spannung?

   c) Die Leiterschleife bewegt sich mit der Geschwindigkeit v = 0,5 m/s aus dem Magnetfeld heraus (konstante Feldstärke 0,3 Tesla). Wie groß ist die induzierte Spannung?
   - Rechnen Sie diese Aufgabe mit $U_{ind} = -\dot{\Phi}$ (Induktion einer Spannung in einer Leiterschleife)
   - Rechnen Sie diese Aufgabe mit $U_{ind} = l \cdot v \cdot B$ (Induktion einer Spannung in einem bewegten Leiter
   - Vergleichen Sie beide Lösungen.

   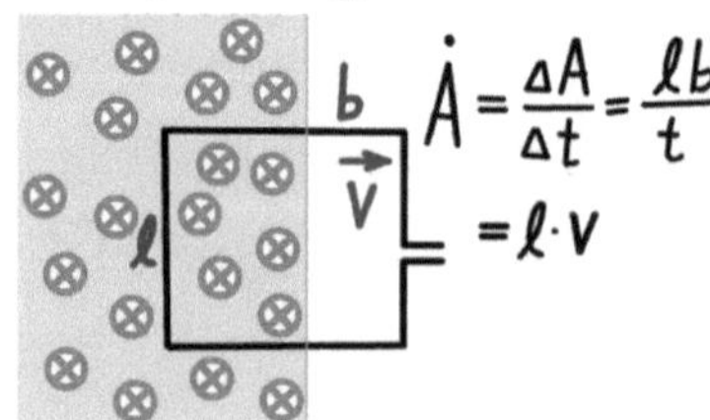

 Badell.de

4. **Induktion in einem bewegten Leiter**: Eine Eisenbahn hat eine Geschwindigkeit von 100 km/h. Zwischen zwei Rädern befindet sich eine Achse der Länge 1435 mm (Spurweite in Europa, China und den USA). Die Achse bewegt sich senkrecht zum Erdmagnetfeld (ca. 40 µT).

   a) Wie groß ist die induzierte Spannung?

   b) Ein Spannungsmessgerät wird an den beiden Enden der Achse angeschlossen. Das Messgerät zeigt 0,0 mV. Warum?

5. **Herleitung der Formel zur Induktion in einem bewegten Leiter:** Bewegt sich ein Leiter im Magnetfeld, dann wirkt auf die Elektronen im Leiter...

   • die Lorentzkraft. weil sie sich mit dem Leiter bewegen.

   • eine elektrische Kraft, nachdem das Magnetfeld die Elektronen zu einem Leiterende geschoben hat.

   a) Die im Leiter induzierte Spannung lässt sich berechnen mit der Formel $U_{ind}=l\cdot v\cdot B$. Leiten Sie diese Formel her mit dem Kräftegleichgewicht $F_L = F_{el}$

   b) Erklären Sie Schritt für Schritt die folgende, alternative Herleitung:

   $$U_{ind} = E\cdot l = \frac{F_L}{q}\cdot l = l\cdot v\cdot B$$. (Herleitungen s. auch Kapitel 5.3.2)

6. **Induktion in einer Spule – Änderung von A** (schwierig): Mit Hilfe einer Spule (N =600 Windungen, A =20 cm², R =200 Ω), die aus einem Magnetfeld herausbewegt wird, soll die magnetische Flussdichte des Feldes gemessen werden. Bekannt ist nur, dass während der Bewegung eine Ladung von $Q =5\cdot 10^{-6} As$ durch die Spule fließt.

   Die folgenden Aufgabenteile a) b) c) sind nur als Unterstützung anzusehen, falls Sie mit freiem Überlegen nicht auf die Lösung kommen.

   a) Nennen Sie die Formel für die Spannung $U_{ind}(t)$, die in der Spule induziert wird.

   b) Nennen Sie eine Formel für den Strom $I(t)$, den diese Spannung in der Spule verursacht.

   c) Ladung ist die Integration des Stroms $I(t)$ über die Zeit: $Q=\int I(t)\cdot dt$. Nutzen Sie diesen Zusammenhang, um nach der Flussdichte B aufzulösen.

7. **Induktion in einer Spule - Änderung von I:** Innerhalb einer großen Feldspule befindet sich eine kleinere Induktionsspule.

   a) In der Feldspule (N =5750 Windungen, l =40mm) fließt ein sinusförmiger Strom $I(t) = \hat{I}\cdot\sin(\omega\cdot t)$ mit einer Amplitude von $\hat{I} = 500\,mA$. Die Frequenz beträgt 50 Hz ($\rightarrow \omega = 2\cdot\pi\cdot 50\cdot s^{-1}$). Berechnen Sie die Flussdichte B(t) in der Spule. Nennen Sie auch den Scheitelwert (=Maximalwert) $\hat{B}$.

   b) Wie groß ist die induzierte Spannung $U_{ind}(t)$ in der Induktionsspule (N =300 Windungen, A =5cm²)? Nennen Sie auch den Scheitelwert (=Maximalwert) $\hat{U}$.

8. **Herleitung des Induktionsgesetzes:** Leiten Sie das Induktionsgesetz $U_{ind} = -n\cdot\dot{\Phi}$ her aus der Formel für die induzierte Spannung in einem bewegten Leiter $U_{ind} = -B\cdot v\cdot l$.

5.3.2 🎓🎓 Herleitung der Induktionsformeln

derivation	die Herleitung	the field coil (first coil)	die Feldspule (erste Spule)
derivative, derivation	die Ableitung		= Erregerspule
cross section area	die Querschnittsfläche	the induction coil (second coil)	die Induktionsspule (zweite Spule)

■ **Herleitung der Formel für Induktion im bewegten Leiter**

In jedem Leiter befinden sich freie Elektronen. Bewegt sich ein solcher Leiter durch ein Magnetfeld, dann wirkt die Lorentzkraft auf die sich mitbewegenden Elektronen. Die dadurch entstehende Spannung heißt: Induzierte Spannung. Der Vorgang heißt Induktion.

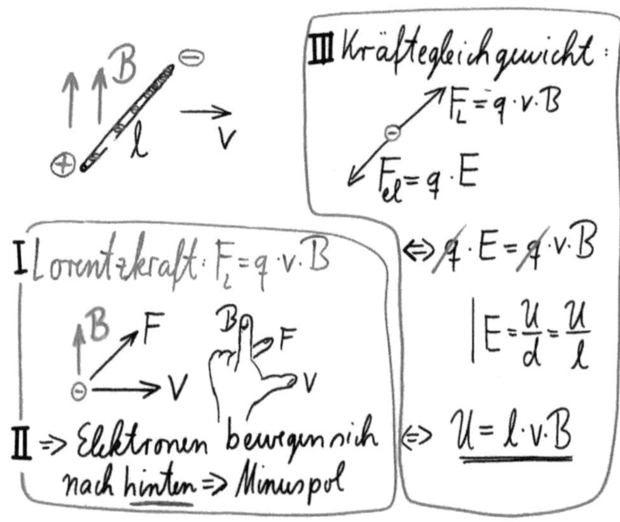

I Die Lorentzkraft drückt die Elektronen zu einem Ende des Leiters

II Jetzt entsteht ein elektrisches Feld, das die Elektronen wieder zurück drückt.

III Das Kräftegleichgewicht führt zu $U_{ind} = B \cdot v \cdot l$ bzw. $U_{ind} = -B \cdot v \cdot l$.

■ **Herleitung der Formel für Induktion in einer Spule:**

$$U_{ind} = -B \cdot l \cdot v = -B \cdot l \cdot \frac{\Delta s}{\Delta t} = -B \cdot \frac{\Delta A}{\Delta t} = -\frac{\Delta(B \cdot A)}{\Delta t} = -\frac{\Delta \Phi}{\Delta t} = -\dot{\Phi}$$

Bei mehreren Windungen gilt entsprechend: $U_{ind} = -n \cdot \dot{\Phi}$

■ **Herleitung der Formel für Selbstinduktion:**

$$U_{ind} = U_2 = N_2 \cdot \dot{\Phi} \qquad | \text{ } \textit{Fläche } A = \textit{konstant}$$
$$= N_2 \cdot A_2 \cdot \frac{\Delta B}{\Delta t}$$
$$= N_2 \cdot A_2 \cdot \frac{\Delta(\mu \cdot N_1 \cdot I_1 / l_1)}{\Delta t}$$
$$| \textit{ Feldspule} = \textit{Induktionsspule} \rightarrow N_1 = N_2 = N$$
$$= \frac{\mu \cdot N^2 \cdot A_2}{l_1} \cdot \frac{\Delta(I_1)}{\Delta t}$$
$$= L \cdot \dot{I}$$

N = Windungszahl
A = Spuelenquerschnitt
l = Spulenlänge
B = Flussdichte

Indizes:
  1 = erste Spule = Feldspule = Erregerspule
  2 = zweite Spule = Induktionsspule

5.4 🎓🎓🎓 Der Elektromotor

direct current (DC), alternating current (AC)	Gleichstrom, Wechselstrom	rotor	der Rotor
three-phase (alternating) current	dreiphasen Wechselstrom	double-T armature	der doppel-T Anker
(=rotary current)	(= Drehstrom)	drum armature	der Trommelanker
direct current motor (DC motor)	der Gleichstrommotor	stator	der Stator
alternating current motor (AC motor)	der Wechselstrommotor	sliding contact	der Schleifkontakt
the three-phase (AC) motor	der Drehstrommotor	carbon brush	die Kohlebürste
the squirrel cage motor	der Käfigläufermotor	brushless motor	der bürstenlose Motor
	(= der Kurzschlussläufer)	commutator	der Kommutator
low-maintainance / service reduced	wartungsarm		

■ Der Gleichstrommotor

Rotor und Stator: Der Elektromotor funktioniert mit Magneten bzw. Elektromagneten (= rot lackierte, gewickelte Drähte im Bild rechts). Der Rotor ist das sich innen drehende Bauteil. Der Stator ist das äußere, fest stehende Bauteil. Rotor und Stator benötigen jeweils Magnete oder Elektromagnete.

Anker: Der Rotor heißt auch Anker (genau genommen ist es der elektrisch wirksame Teil des Rotors, der Anker genannt wird). Die Anzahl der Spulen im Anker variiert, siehe Zeichnungen unten:

Elektromotor
(Symbolbild, KI-generiert)

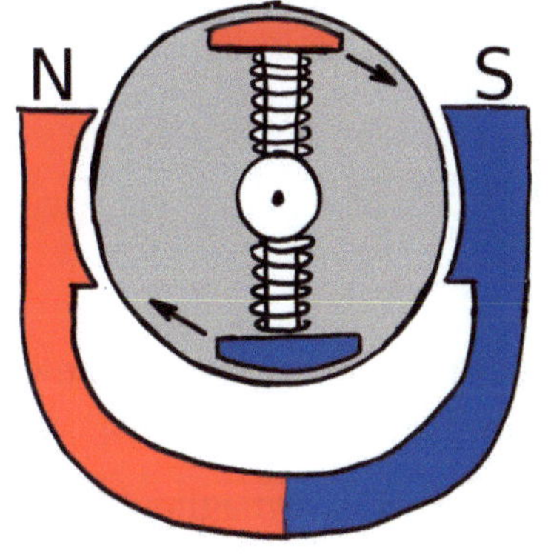

Bild: Gleichstrommotor mit
Doppel-T Anker

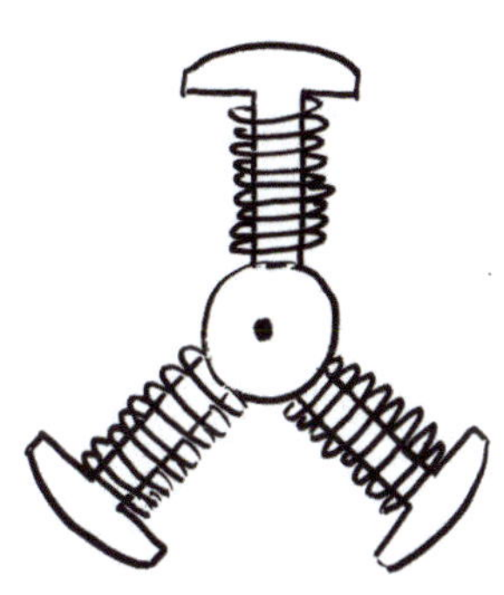

Bild: Dreifachanker

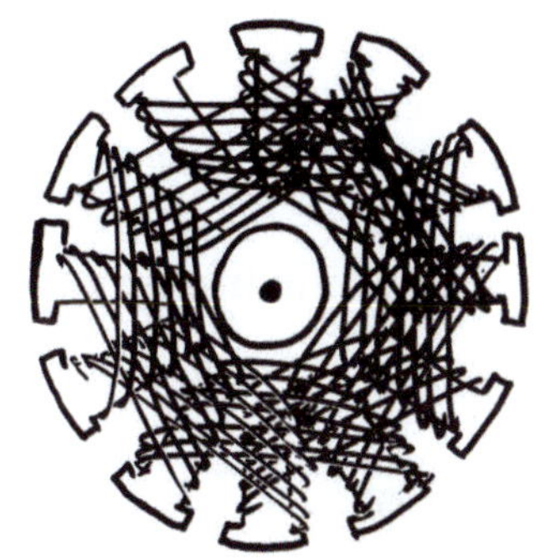

Bild: Trommelanker

Die hier schwarz gezeichneten Spulen sind in der Realität rot lackiert. Die Lackierung dient als Isolation zwischen den Leitern.

Kommutator: In der Mitte des rotierenden Ankers befindet sich der Kommutator. Hier wird über einen Schleifkontakt (Kohlebürste schleift auf Kommutator) der Strom zum rotierenden Elektromagneten geführt. Weil der Kommutator sich dreht, wird der Elektromagnet immer wieder umgepolt. Daher heißt der Kommutator auch Stromwender.

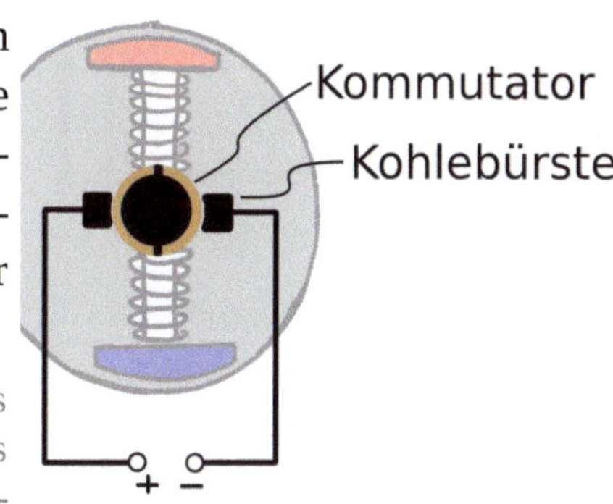

Die sogenannten "Kohlebürsten" sind genau genommen aus Graphit mit etwas Kupfer, Silber oder Molybdän. Sowohl Graphit als auch Kohle bestehen aus Kohlenstoff. Allerdings ist die Struktur anders. Weltweit gibt es nur wenige Spezialisten, die Motorbürsten herstellen.

Bürstenloser Motor: Es gibt auch Elektromotore ohne Kommutator und Bürsten. Dann rotiert innen der Dauermagnet, während außen die Elektromagnete sitzen.

- <u>Vorteil:</u> Wartungsfrei. Es gibt keine Bürsten, die verschleißen können. Das ist praktisch für Studenten. Ich erinnere mich, dass ich als Student lange nach einer Autowerkstatt gesucht hatte, die mir nur die billigen Kohlebürsten der Lichtmaschine tauscht und nicht eine komplette, teure Lichtmaschine neu einsetzen wollte.

- <u>Nachteil:</u> Teuer. Eine Elektronik muss ganz genau wissen, an welcher Position sich der Anker befindet und muss die Elektromagnete zeitgenau ansteuern. Die Positionsmessung geschieht mit Hilfe mehrerer Hallsensoren (s. Kapitel 5.2.2) oder mit optischen Drehgebern. Manche Hersteller liefern heute multiple Hallsensoren, die in Chips integriert sind und die Position eines Referenzmagneten auslesen.

■ Einphasen-Wechselstrom und dreiphasen-Wechselstrom (ausführlich s. Kapitel 7)

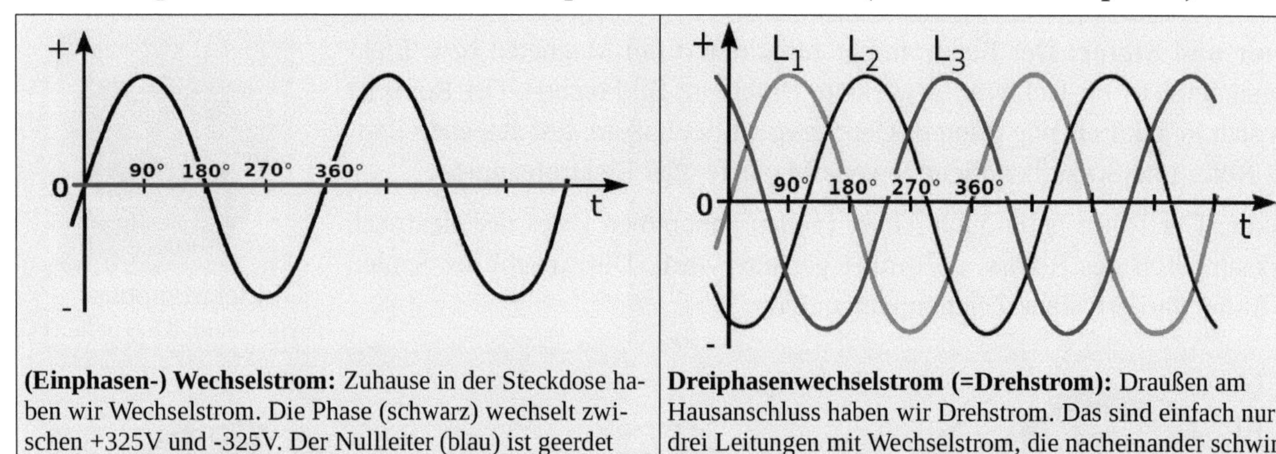

(Einphasen-) Wechselstrom: Zuhause in der Steckdose haben wir Wechselstrom. Die Phase (schwarz) wechselt zwischen +325V und -325V. Der Nullleiter (blau) ist geerdet und hat 0 Volt. Im Mittel ergibt sich ein Effektivwert von 230V zwischen Nullleiter und Phase (s. Kapitel 7.2).	Dreiphasenwechselstrom (=Drehstrom): Draußen am Hausanschluss haben wir Drehstrom. Das sind einfach nur drei Leitungen mit Wechselstrom, die nacheinander schwingen (120° versetzt). In jede Wohnung wird eine der Phasen gelegt. Dort ist es dann Wechselstrom.

■ Der Drehstrom-Synchronmotor

Beim Synchronmotor wird der Dauermagnet oder Elektromagnet synchron zum Drehstrom bewegt (Drehfeld).

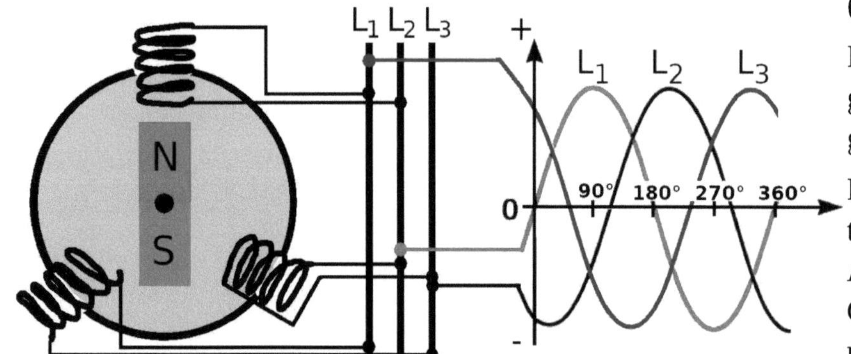

Nachteil 1: Dauermagnete benötigen seltene Rohstoffe, Elektromagnete benötigen Schleifringe.

Nachteil 2: Die Frequenz des Motors ist baulich festgelegt durch die Anzahl der Spulen. Will man die Geschwindigkeit eines Synchronmotors ändern, dann muss die Frequenz des Drehstroms geändert werden. Die Regelung hierzu ist äußerst aufwendig.

Der Generator: Ein Generator ist das Gleiche, wie ein Drehstrommotor. Der Maschine ist es egal, ob sie aus der elektrischen Energie eine Drehbewegung erzeugt, oder umgekehrt. Generatoren finden wir z.B. in Gaskraftwerken, Windstromanlagen oder Wasserkraftwerken. Nur in Solaranlagen (Photovoltaik) kann Strom ohne Generator erzeugt werden.

■ Der Drehstrom-Asynchron-Motor (oder Käfigläufermotor)

Als Anker kann statt des Dauermagneten ein "Käfig" aus Metallstäben verwendet werden, in dem ein Magnetfeld von außen induziert wird. Damit das funktioniert, müssen die Stäbe kurzgeschlossen (elektrisch verbunden) werden. Deshalb heißt der Motor auch <u>Kurzschlussläufer</u> oder <u>Käfigläufer</u>. Die Stäbe (im Bild als schwarze Punkte zu sehen) sind eingebettet in gegeneinander isolierte Eisenbleche, die das Magnetfeld leiten sollen. Der Name <u>Asynchronmaschine</u> stammt daher, weil der Rotor bis zu 10% langsamer laufen kann, als das Magnetfeld des Drehstroms. Im Anker wird einfach das gerade passende Magnetfeld induziert.

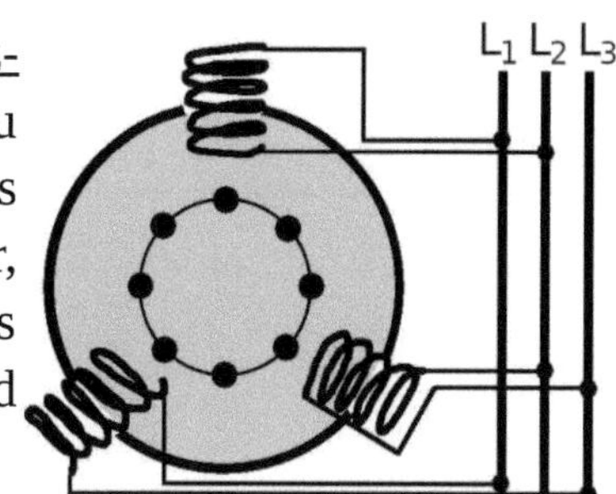

■ Der Wechselstrommotor (oder Kondensatormotor)

Der Wechselstrommotor sieht genau so aus, wie ein Drehstromasynchronmotor. Da allerdings nur eine der drei Phasen vorhanden ist, werden weitere, verschobene Phasen mit Kondensatoren erzeugt (Bild s.u.).

■ **Die Eigenschaften der Motore im Vergleich**

Bezeichnung	Funktion	Beschreibung
Gleichstrommotor		• Umpolung des Magnetfelds über Kommutator mit Kohlebürsten. • Sehr einfach und preiswert. • Hoher Verschleiß der Kohlebürsten. • Einsatz in batteriegetriebenen Geräten (z.B. Spielzeug).
Drehstromsynchronmotor		• Hoher Regelungsbedarf: Die Geschwindigkeiten von Drehstrom und Motorwelle müssen exakt übereinstimmen. • Sehr stabile Drehzahl (Europa: 50 Hz, USA: 60 Hz). • Läufer/ Anker mit Permanentmagneten (permanenterregt) · Läufer/ Anker mit Elektromagnet (fremderregt) ○ teures Neodym · ○ Schleifring erforderlich • Teure Wasserkühlung bei größeren Maschinen. • Einsatz vorwiegend in Großkraftwerken als Generator, wo es auf exakte Drehzahlen ankommt. • Einsatz in Kraftwerken, Windstromanlagen und teuren E-Autos (BMW, VW).

Drehstromasynchronmotor
 	
(=Käfigläufer-Motor)
		• Läuft bis zu 10% langsamer, als das umgebende Drehfeld. Daher ist die Regelung einfacher.
		• Der Asynchronmotor ist das "Arbeitstier" der Industrie, häufig ohne Regelung: Er läuft einfach mit den gegebenen 50 Hz oder - je nach Anzahl der Wicklungen - mit Bruchteilen davon.
		• Ist extrem <u>robust</u>, wartungsarm, langlebig. Hält kurzzeitig hohe Überlastungen und Hitze aus (→ weniger Nennleistung erforderlich)
		• Keine Permanentmagnete
		  ○ sehr preiswert (kein Neodym)
		  ○ wenig Kühlung erforderlich
		• Einsatz überall in der Industrie und in Tesla Fahrzeugen.

Wechselstrommotor (=Kondensatormotor)		• Der Wechselstrommotor funktioniert genau so, wie der Drehstromasynchronmotor. Allerdings: Wechselstrom hat nur eine Phase (L_1), sowie den Nulleiter N (≈ Erdung). Weitere, verschobene Phasen werden erzeugt, indem vor die weiteren Spulen jeweils ein Kondensator geschaltet wird (Pasenverschiebung → s. Kapitel 7.2.3). • Einsatz in preiswerten Haushaltsgeräten mit Wechselstrom (z.B. Ventillator, Staubsauger, Heizungspumpe, Waschmaschine, Kühlschrank, Föhn)

AUFGABEN

1. Der Elektromotor

a) Ordnen Sie die Abbildungen zu:
Gleichstrommotor,
Drehstromasynchronmotor und
Drehstromsynchronmotor. Wie
unterscheiden sie sich in ihrer Funktion?

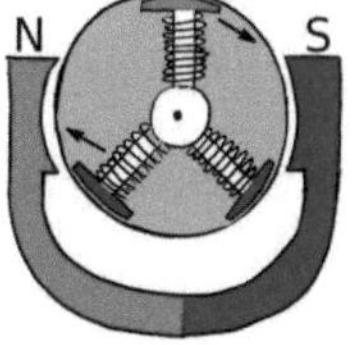
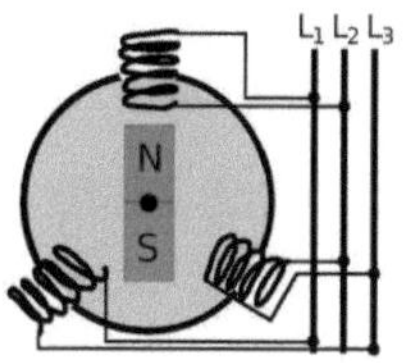
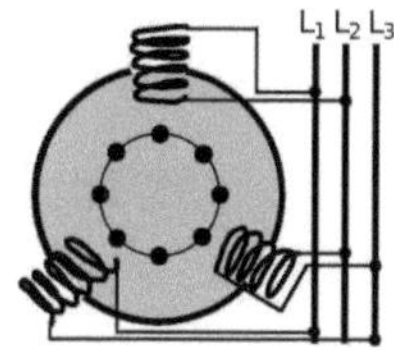

b) Nennen Sie jeweils Vorteile und Nachteile der drei Motoren.

c) Was unterscheidet einen Wechselstrommotor von einem Drehstromasynchronmotor?

2. Das magnetische (Dipol-) Moment beim Gleichstrommotor:

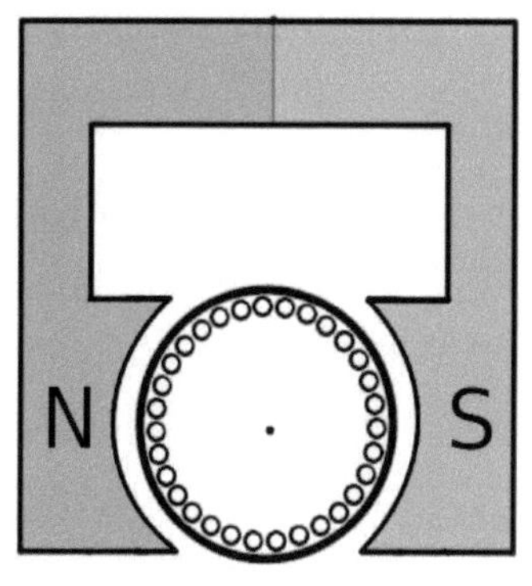

Bei einem Gleichstrommotor rotiert der zylinderförmige Trommelanker (Durchmesser d = 170 mm) in einem Magnetfeld. Für die Windung des Ankers wird vereinfachend angenommen, dass die Ankerwicklung aus 500 Kupferstäben besteht.

Das Magnetfeld (Feldstärke $H = 5 \cdot 10^5 \, A/m$; Flussdichte $B = \mu_0 \cdot H$) wird von einem Dauermagneten erzeugt, dessen Enden (Polschuhe) den Anker vollständig umschließen. Dadurch entsteht ein Radialfeld, das nahezu in der gesamten Ankerwicklung radial zur Ankermitte verläuft.

a) Skizzieren Sie die magnetischen Feldlinien des Radialfelds im Motor. In welche Richtung dreht sich der Motor im magnetischen Radialfeld, wenn in den Kupferstäben (Bild) der Strom auf der rechten Seite nach hinten und auf der linken Seite nach vorn fließt? 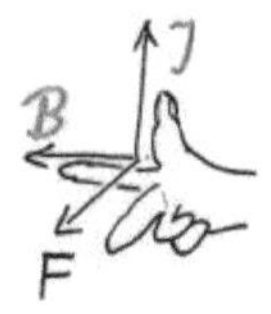

b) Die Kupferstäbe (l = 250 mm) werden jetzt von einem Strom (I = 10 A) durchflossen. Welche Kraft wirkt auf einen der stromdurchflossenen Kupferstäbe?

c) Welches Drehmoment M erzeugen die Kupferstäbe insgesamt (Hinweis: $\vec{F} = l \cdot (\vec{I} \times \vec{B})$)? Wir nehmen vereinfachend an, dass alle 500 Kupferstäbe gleichzeitig an dem Motor drehen.

d) Die Leistung einer Welle hängt ab von ihrer Winkelgeschwindigkeit und ihrem Drehmoment: $P_{Welle} = \omega \cdot M$. Wie groß ist die Leistung dieses Motors bei einer Drehzahl von 1000 Umdrehungen pro Minute?

e) Unter dem Begriff „Magnetisches Moment" ($\vec{m}_{mag}$ in $A \cdot m^2$)versteht man den Proportionalitätsfaktor zwischen magnetischer Flussdichte und dem Drehmoment, das dieses Magnetfeld auf einen magnetischen Dipol (z.B. eine stromdurchflossene Leiterschleife) ausübt: $\vec{M} = \vec{m}_{mag} \times \vec{B}$ oder $M = m_{mag} \cdot B$.

- Wie groß ist das (maximale) Drehmoment M auf eine Leiterschleife unseres Elektromotors, wenn eine Leiterschleife aus zwei Kupferstäben gebildet wird?

- Wie groß ist dann das magnetische Moment m_{mag} dieser Leiterschleife?

f) Das magnetische Moment einer stromdurchflossenen Spule ist $\vec{m} = N \cdot I \cdot \vec{A}$ (N=Windungszahl, I=Strom und A=Fläche). Leiten Sie diese Formel her.

5.5 Aufgaben

1. **Die Induktionsspule im veränderlichen Magnetfeld:** Ein Magnetfeld hat die Flussdichte $B(t) = 5\,T \cdot \sin(\omega \cdot t)$ mit $\omega = 2 \cdot \pi \cdot 50\,s^{-1}$.

   a) Bilden Sie mit Hilfe der Kettenregel die Ableitung $\dot{B}(t)$ und setzen Sie den Wert für ω ein.

   Lösung zur Kontrolle: $\dot{B}(t) = 500\,\pi \cdot T\,s^{-1} \cdot \cos(2 \cdot \pi \cdot 50\,s^{-1} \cdot t)$.

   b) In diesem Magnetfeld befindet sich jetzt eine Induktionsspule mit 800 Windungen und einer Querschnittsfläche von 4 cm². Berechnen Sie die induzierte Spannung $U_{ind}(t)$.

   c) Wie groß ist die induzierte Spannung $U_{ind}(t)$. zum Zeitpunkt t=1s?

   d) Falls Sie schon Kapitel 7.2.1 (Effektivwert) gelesen haben: Wie groß sind Scheitelwert $\hat{u}$ und Effektivwert U_{eff} der induzierten Spannung?

2. **Feldspule und Induktionsspule:** Auf einem Eisenkern (μ_r=800) sind zwei Spulen angeordnet, eine Feldspule und eine Induktionsspule. Eine solche Anordnung heißt auch Transformator (s. Kapitel 7.1.3).

   a) In der Feldspule fließt ein Strom I, der mit 0 A beginnt und jede Sekunde um 2A größer wird. Berechnen Sie die Ableitung $\dot{I}(t)$ dieser Funktion.

   b) Die Feldspule hat 3000 Windungen und eine Länge von 3 cm. In der Spule ist Luft ($\mu_r = 0$). Wie groß ist die magnetische Flussdichte B(t)?

   c) Auf der anderen Seite des Eisenkerns befindet sich die Induktionsspule. Sie hat 500 Windungen und eine Fläche von 4 cm². Wie groß ist die Spannung $U_{ind}(t)$, die in ihr induziert wird?

3. **Generator:** Ein Generator ist prinzipiell genau so aufgebaut, wie ein Elektromotor. Für einen stark vereinfachten Generator wird angenommen, dass in einem homogenen Magnetfeld (Feldstärke $H = 5 \cdot 10^5\,A/m$; Flussdichte $B = \mu_0 \cdot H$) eine rechteckförmige Spule (Windungszahl N =250; Fläche 250 mm mal 170mm) gedreht wird. Wir betrachten die Spule in verschiedenen Drehwinkeln (horizontal = 0° bei t = 0, vertikal = 90° bei t = T/4 und diagonal = 45°). Eine volle Umdrehung ($360° \triangleq 2\pi$) dauert T = 0,06 s.

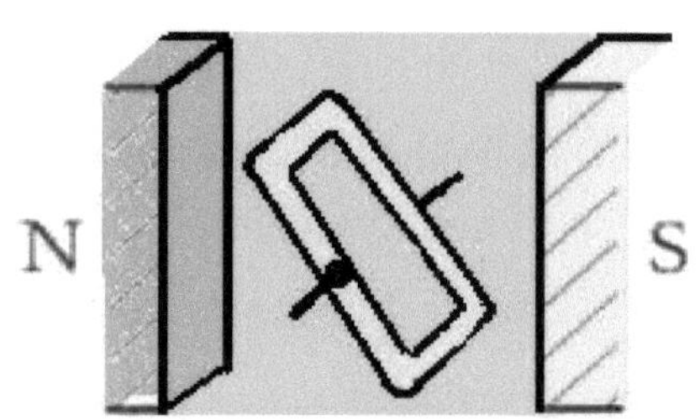

   a) Skizzieren Sie die Feldlinien des (nahezu homogenen) Magnetfelds des Dauermagneten. Zeichnen Sie dann für jede der drei Spulenpositionen (0°, 45° und 90°) Kraftpfeile ein, die anzeigen, in welche Richtung Kräfte auf die Leiter ausgeübt werden (Der Strom fließt auf der rechten Seite nach hinten).

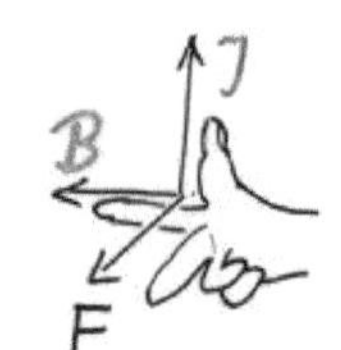

   b) Wie groß ist der magnetische Fluss Φ des äußeren Magnetfeldes durch die Spule zu den Zeitpunkten t =0, t =T/8 und t =T/4? Stellen Sie eine Formel auf, die den magnetischen Fluss Φ(t) in Abhängigkeit von der Zeit (t in Sekunden) beschreibt.

   c) Stellen Sie die Funktionsgleichung für die induzierte Spannung $U_{ind}(t)$ auf. (Hinweis: Ableitung mit Kettenregel).

   d) Berechnen Sie I(t) und P(t) für einen Leitungswiderstand von 5Ω.

4. **Die Leiterschleife:** Eine Leiterschleife mit den Kantenlängen 10 cm x 10 cm bewegt sich mit der Geschwindigkeit v =1m/s in ein Magnetfeld der Stärke 0,5 Tesla hinein.

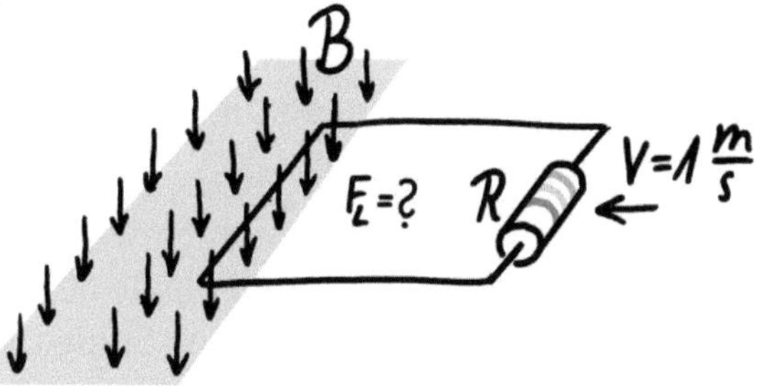

   a) Wie groß ist die induzierte Spannung?

   b) Die Leiterschleife hat einen Ohmschen Widerstand von R = 4Ω. Wie groß ist der Strom, der in der Leiterschleife fließt? Wie groß ist die elektrische Leistung im Stromkreis?

   c) Zeichnen Sie in U-t Schaubild: Spannung in Abhängigkeit von der Zeit.

   d) Berechnen Sie die Lorentzkraft auf die Leiterschleife. Wie groß ist die mechanische Leistung?

   e) In welche Richtung fließt der induzierte Strom? In welche Richtung wirkt die Kraft? Wird die Leiterschleife beschleunigt oder gebremst (Motor oder Generator)?

   f) Das Magnetfeld wandert jetzt schneller nach links, als die Leiterschleife. Erklären Sie, warum die Leiterschleife jetzt als Antrieb (Linearmotor) für ein Spielzeugauto verwendet werden könnte.

   Hinweis: Mechanische Leistung: $P = F \cdot v$ oder $P = \omega \cdot M$
                  Elektrische Leistung: $P = U \cdot I$

5. **Feldspule und Induktionsspule:** Eine Feldspule (=Erregerspule) hat die Windungszahl $n_1 =15000$, die Länge $l_1 =0,4m$ und die Querschnittsfläche $A_1 =0,1m \cdot 0,1m = 0,01m^2$.

Für die Induktionsspule gilt: $n_2 =2000$, $l_2=0,05m$ und $A_2 =0,05m \cdot 0,05m =0,0025m^2$.

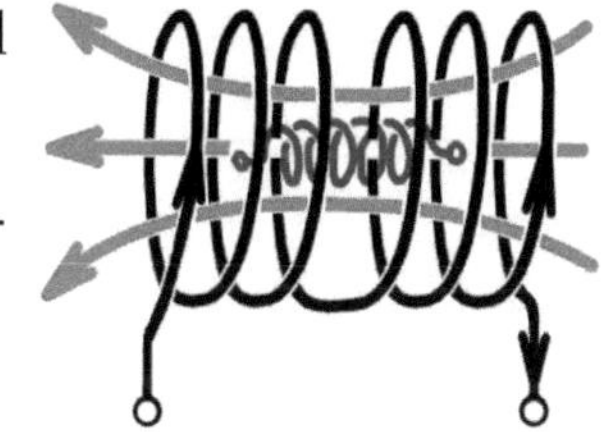

   a) Der Strom in der Erregerspule (=Feldspule) beträgt $I_{eff} = 2A$. Berechnen Sie die Flussdichte B und die Feldstärke H der Spule.

   b) Berechnen Sie die Induktivität der Induktionsspule.

   c) Welche Spannung wird in der Induktionsspule induziert?

   d) Jetzt fließt in der Feldspule der rechts abgebildete Erregerstrom I(t). Berechnen Sie die Spannung in der Induktionsspule für den ansteigenden Strom (0ms .. 2ms) und für den abfallenden Strom (2ms .. 10ms).

   e) Erklären Sie das physikalische Prinzip, warum in einer Spule der Strom verzögert ansteigt, wenn eine Spannung angelegt wird.

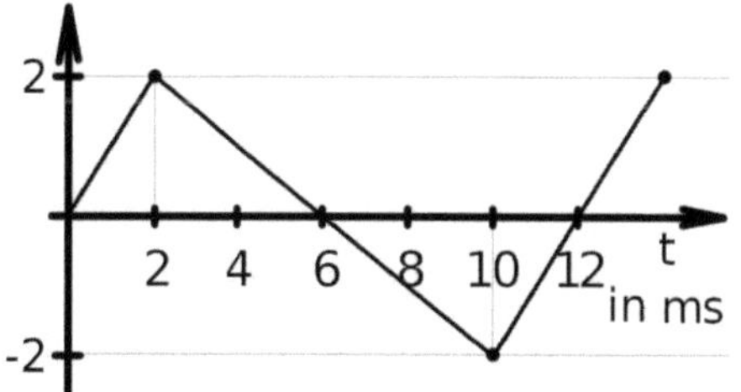

6. **Spule im variablen Magnetfeld:** In einem Magnetfeld befindet sich eine Induktonsspule S_2 (s. Bild). In der Spule fließt ein Strom, so dass die Spule mit der Lorentzkraft F_L nach unten gezogen wird. $N_2 =150$; a =12 cm; b =8 cm; I =2,5A

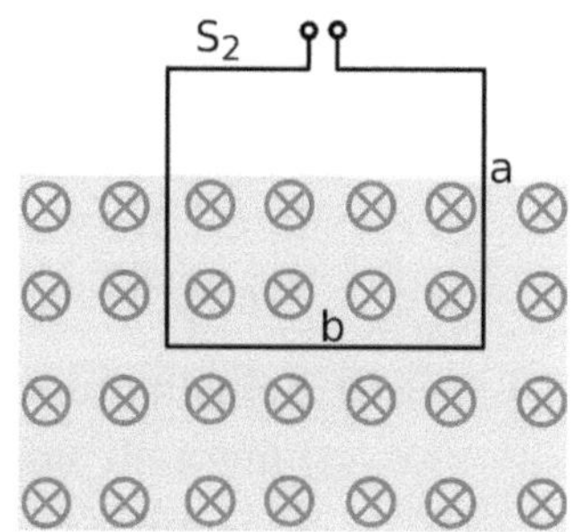

   a) In welche Richtung fließt der Strom in der Spule?

   b) Berechnen Sie die Flussdichte B.

   c) Eine Feldspule ($N_1 =5000$; $l_1 =0,5m$; $I_1 =2mA$) erzeugt das B-Feld. Berechnen Sie μ und μ_r.

Hinweis: $\mu = \mu_0 \cdot \mu_r$ mit $\quad$ µ = absolute Permeabilität

µ_r = relative Permeabilität (auch relative, magnetische Leitfähigkeit)

µ_0 = Vakuum Permeabilität) mit $\mu_0 = 4 \cdot \pi \cdot 10^{-7}\, Vs/Am$

d) Der Strom in der Spule S_2 wird ausgeschaltet. Sie wird nach oben gezogen mit v =0,2 m/s.

- Warum wird in der Spule S_2 eine Spannung erzeugt? Berechnen Sie die Spannung.
- In welche Richtung wirkt die Kraft F, die das Magnetfeld auf die Spule ausübt?
- Berechnen Sie den Spulenstrom I für R_2 =30 mΩ.

e) Spule S2 befindet sich jetzt vollständig im B-Feld (Verlauf siehe Abbildung rechts). Zeichnen Sie das zugehörige U(t) Diagramm.

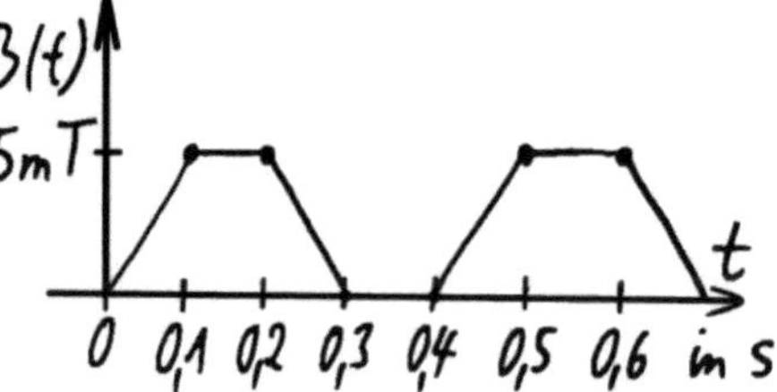

7. **Die bewegte Spule im Magnetfeld:** Eine Spule (m =800 g) wird mit der Kraft F =0,3 N durch ein Magnetfeld (B =0,8 T) gezogen.

a) Begründen Sie, warum das Magnetfeld bei geschlossenem Schalter S eine Kraft auf die bewegte Spule ausübt und warum die Kraft bei geöffnetem Schalter entfällt.

b) Welche Geschwindigkeit hat die mit F =0,3 N beschleunigte Spule, wenn sie das B-Feld erreicht?

c) Begründen Sie: Während des Eintauchens gilt: $U_{ind}(t) = n \cdot B \cdot L \cdot v$.

d) Der Schalter ist jetzt geöffnet. Berechnen Sie v(t) und U_{ind}(t) für den kompletten Durchlauf und stellen Sie U_{ind}(t) als Diagramm dar.

e) Der Schalter wird jetzt geschlossen. Berechnen Sie die Lorentzkraft zu Beginn des Eintauchens. Wie groß ist die Beschleunigung der Spule zu Beginn des Eintauchens?

f) Wie groß müsste die Geschwindigkeit zu Beginn des Eintauchens sein, so dass sich der Körper während des Eintauchens gleichförmig bewegt?

g) Berechnen Sie die Energie, die bei dieser konstanten Geschwindigkeit während des Eintauchens von der Kraft F in die Spule gesteckt wird (Hinweis: $P_{mechanisch} = F \cdot v$).

8. **Das Elektrisiergerät:** Ein Relais ist ein elektrischer Schalter. Eine Spule kann mit ihrem Magnetfeld diesen Schalter umlegen. Als Kind habe ich ein Relais mit einer Batterie so verbunden, dass sich der geschlossene Stromkreis selbst öffnete. Die Schaltung brummte wie ein Rasierapparat.

a) Zeichnen Sie die Schaltung.

b) Beim Anfassen der Kontakte spürte ich plötzlich einen kleinen Stromschlag, obwohl die Batterie nur 9V hatte. Erklären Sie, woher diese große Spannung kommt.

c) Die Spule im Relais hat 600 Windungen und einen Querschnitt von 0,7 cm². Ihre Länge beträgt zwei Zentimeter. Wie groß ist die Energie im Magnetfeld der Spule in dem Moment, wenn gerade 200 mA Strom fließen?

d) Selbstinduktion: Wir nehmen an, dass das selbst unterbrechende Relais sich innerhalb von null Millisekunden abschaltet. Wie groß müsste theoretisch die induzierte Spannung im Relais sein?

6 Teilchen in diversen Feldern

In diesem Kapitel geht es nur um Wiederholung und Kombination des bisher Gelernten: Wie verhalten sich Teilchen, wenn sie gleichzeitig auf Magnetfeld, Gravitationsfeld und elektrisches Feld treffen?

6.1 Gravitationsfeld, E-Feld und B-Feld im Vergleich

charged particle	das geladene Teilchen	electric field strength	die elektrische Feldstärke E
gravitational field strength	die Gravitationsfeldstärke g	magnetic flux density	die magnetische Flussdichte B
= acceleration due to gravity	= die Erdbeschleunigung		

■ **Zusammenfassung der aus vorherigen Kapiteln bekannten Formeln**

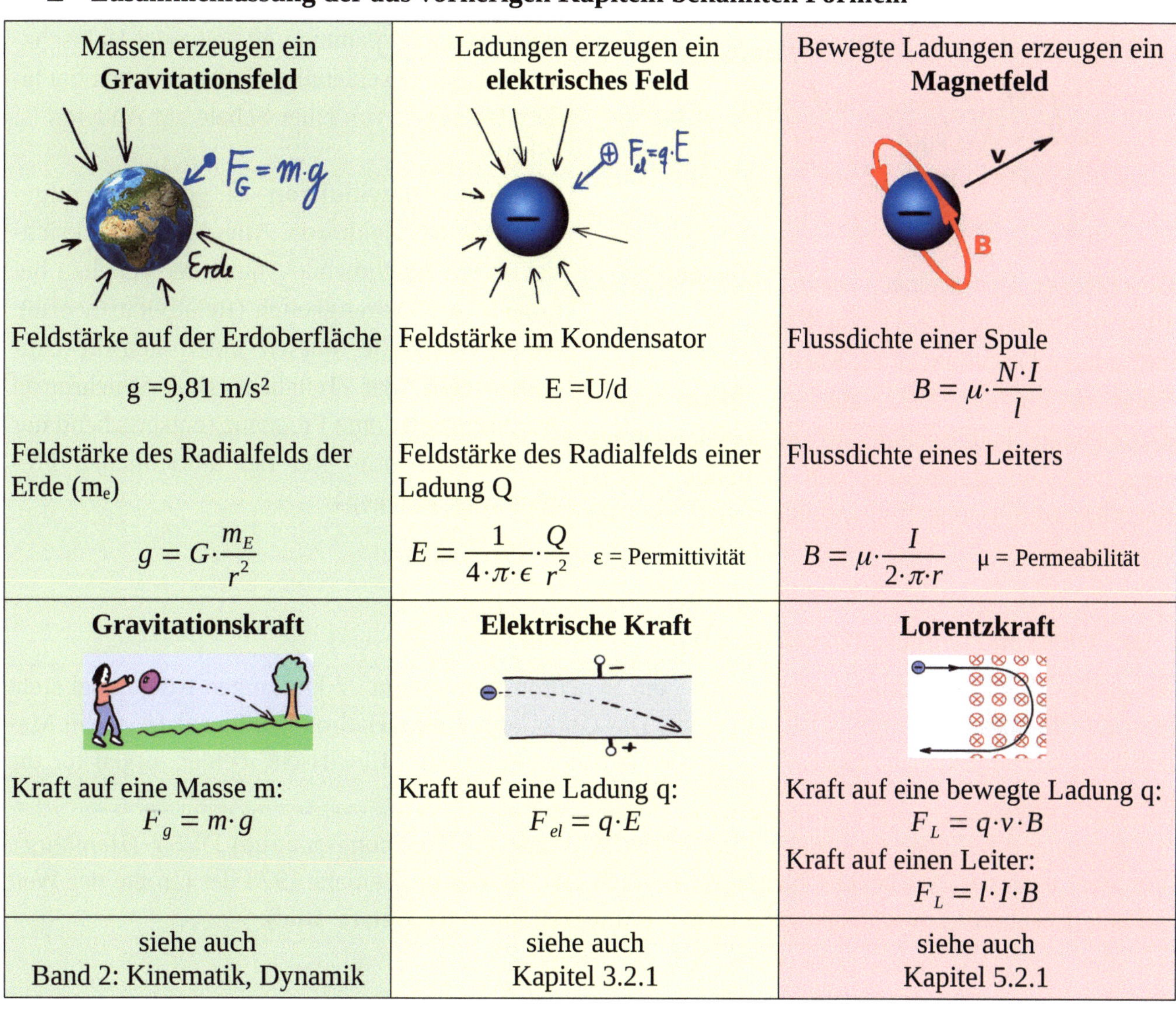

6.2 🎓🎓 Teilchenbeschleuniger

particle accelerator	der Teilchenbeschleuniger	nuclear research center	das Kernforschungszentrum
cyclotron	das Zyklotron	linear acceleration	die lineare Beschleunigung
synchrotron	das Synchrotron	cyclic acceleration	die zyklische Beschleunigung

■ Zyklotron und Synchrotron

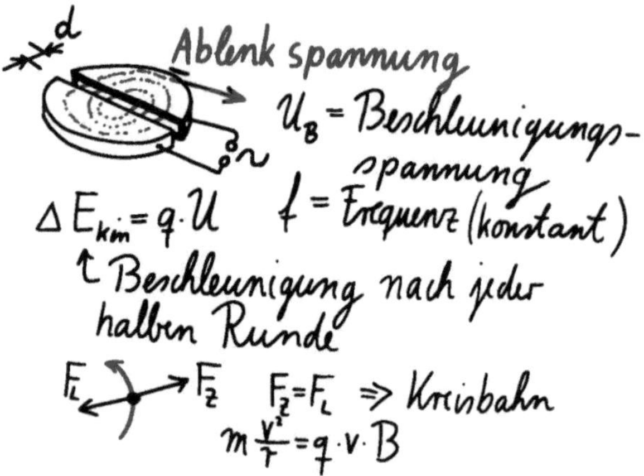

Ein Zyklotron dient der Beschleunigung geladener Teilchen für physikalische Versuche. Die Teilchen werden durch ein Magnetfeld in einer Kreisbahn gehalten. Gleichzeitig führt eine konstante Wechselspannung an den zwei Halbschalen zu einer Beschleunigung der Teilchen bei jedem Übergang von einer Schale zur Anderen (s. Bild).

Ein Synchro(zyklo)tron ist genau so aufgebaut, wie das Zyklotron. Allerdings berücksichtigt es die zunehmende Masse der Teilchen bei großen Geschwindigkeiten (Relativitätstheorie). Durch veränderte Massen ändert sich die Umlauffrequenz der Teilchen. Das Synchrotron synchronisiert seine Frequenz (entsprechend der Relativitätstheorie) mit der tatsächlichen Frequenz des Teilchens.

Geschichte: Das weltweit erste Zyklotron wurde 1930 in Berkeley (USA) von Ernest O. Lawrence und seinem Doktoranden M. Stanley Livingston realisiert und im Jahre 1932 patentiert. **Heute** werden diese Geräte hauptsächlich in der Medizin eingesetzt, z.B. zur Herstellung von Radionukliden für Positronen-Emissions-Tomographie oder für Bestrahlungen.

■ DESY in Hamburg (Deutschland) und CERN in Genf (Schweiz)

Der größte Teilchenbeschleuniger der Welt , ein Synchrotron in einem 27 km langen Ringtunnel steht beim Kernforschungszentrum CERN in Genf. Das Gerät heißt Large Hadron Collider (LHC). Ein Magnetfeld hält die Teilchen in der Vakuumröhre auf einer Kreisbahn. Elektrische Felder sorgen für die Beschleunigung.

In Deutschland befinden sich viele Teilchenbeschleuniger am Forschungszentrum DESY (Hamburg). Dort steht auch der Teilchenbeschleuniger "PETRA III". Er war im Baujahr 1978 der Größte der Welt und liefert heute die am stärksten gebündelten Röntgenstrahlen der Welt (s. Bild).

■ Betatron (und die Wirkung sich ändernder Magnetfelder):

Wie in einem Zyklotron (s.o.) werden auch im Betatron Elektronen durch ein Magnetfeld in der Kreisbahn (oder Spiralbahn) gehalten. Allerdings gibt es kein elektrisches Feld zur Beschleunigung nach jeder Halbrunde, sondern stattdessen verändert sich das Magnetfeld mit der Zeit. Nach dem Induktionsgesetz die Änderung eines Magnetfeldes ein ringförmiges, elektrisches Feld. Mit Diesem werden die Elektronen auf eine kinetische Energie von bis zu 200 MeV beschleunigt. Man kann sich das Betatron wie einen Transformator (s. Kapitel 7.1.3) vorstellen, bei dem in der Primärspule ein sich änderndes Magnetfeld erzeugt wird und statt der Sekundärspule ein ringförmiger Elektronenstrahl im Vakuum

 Badett.de

kreist. Eine genauere Beschreibung würde hier zu weit führen, ein paar Infos finden sich noch im roten Kasten unten. Interessant ist vielleicht noch, dass das Betatron so heißt, weil der erzeugte Elektronenstrahl einer Betastrahlung gleich kommt (Betastrahlung: Ein radioaktiver Betastrahler ist ein Element, das sehr schnelle Elektronen abstrahlt. Wie eine Gewehrkugel können Diese die DNA einer Körperzelle treffen, verändern und z.B. Krebs erzeugen).

> **Die Wirkung sich verändernder, magnetischer Felder auf Ladungen:** Modelle in der Physik erklären nicht immer alles. Die "Linke-Hand-Regel" der Lorentzkraft erklärt beispielsweise nicht, warum Elektronen im sich ändernden B-Feld beschleunigen. Besser erklärt es ein anderes Modell: Wenn ein Magnetfeld sich ändert, dann erzeugt es während seiner Änderung immer ein elektrisches Feld. Denn laut Energieerhaltungssatz wird aus magnetischer Feldenergie die elektrische Feldenergie. (Beispiele: Schwingkreis → Periodischer Wechsel zwischen elektrischer Energie im Kondensator und magnetischer Energie in der Spule. Oder Elektromagnetische Welle → Wechsel zwischen elektrischer und magnetischer Energie). **Das aus dem Magnetfeld entstandene, elektrische Feld beschleunigt dann die Elektronen.**

- **Weitere Teilchenbeschleuniger**, die linear oder zyklisch beschleunigen, wie z.B. Mikrotron, Speicherring, Rhodotron... können hier nicht weiter erklärt werden und sind im Internet zu finden.

AUFGABEN

1. **Beschleunigung eines Protons im Synchrotron:** Ein Synchrotron kann auch aus einem Ring bestehen (Vakuumrohr), in dem Teilchen beschleunigt werden. Das Bild stellt einen solchen Teilchenbeschleuniger stark vereinfacht dar. Die Magnetfelder B halten die Teilchen in der Kreisbahn. Die elektrischen Felder U beschleunigen die Teilchen.

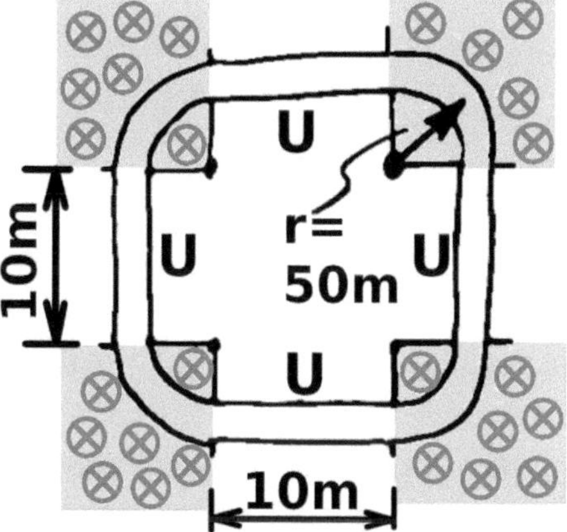

   a) Im ersten Umlauf wird die Spannung U viermal durchlaufen. Ein Proton erreicht v =10.000 km/s. Wie groß ist die Spannung U?

   b) Berechnen Sie die erforderliche Feldstärke B für v =10.000 km/s und für v =0,1 c (c = Lichtgeschwindigkeit = 300.000 km/s).

   c) Welche Geschwindigkeit wird nach drei Umläufen erreicht?

   d) Stellen Sie die Formel auf zur Berechnung der Geschwindigkeit nach n Spannungsdurchläufen und berechnen Sie die Umlaufdauer im dritten Umlauf.

6.3 🎓🎓 Teilchenfilter

filter	der Filter (das Filter)	mass spectrograph	der Massenspektrograph
In der Chemie ist es üblich, <u>das Filter</u> zu sagen. In der Physik ist es überwiegend <u>der Filter</u>. Beide Artikel sind richtig.		circular path, orbit	die Kreisbahn
		tight curve	die enge Kurve

■ **Der Geschwindigkeitsfilter (Wienscher Geschwindigkeitsfilter)**

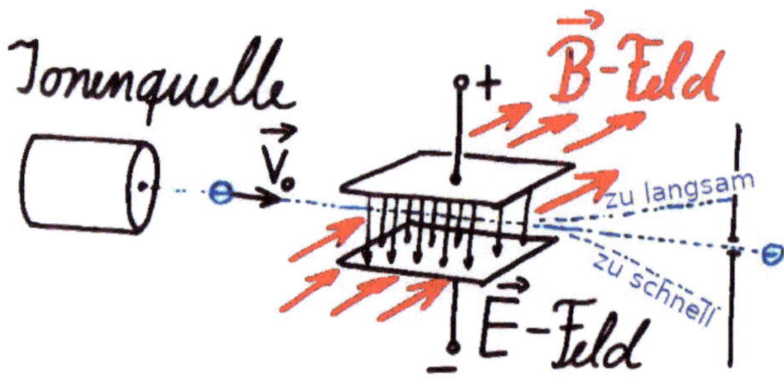

Funktion:

Elektrische Kraft wirkt nach oben: $F_{el} = q \cdot E$

Lorentzkraft wirkt nach unten: $\quad F_L = q \cdot v \cdot B$

Bei einer bestimmten Geschwindigkeit v sind beide Kräfte gleich groß und das Teilchen fliegt geradeaus. Alle Teilchen mit falscher Geschwindigkeit fliegen raus.

■ **Der Massenfilter (Massenspektrograph)**

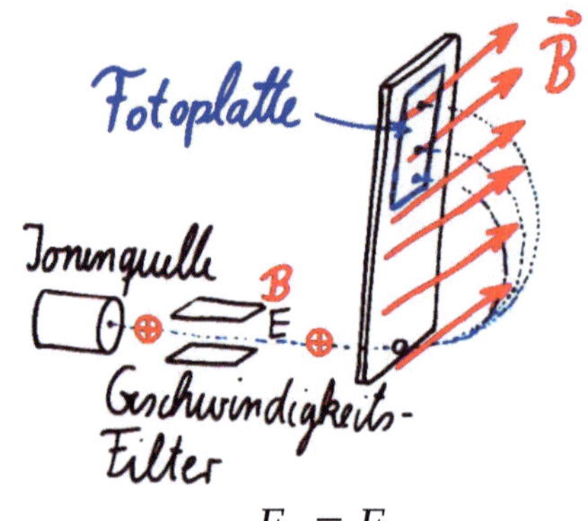

$$F_L = F_Z$$
$$\Leftrightarrow q \cdot v \cdot B = \frac{m \cdot v^2}{r}$$
$$\Leftrightarrow m = \frac{q \cdot B \cdot r}{v}$$

Funktion: Das Magnetfeld lenkt die Teilchen in eine Kreisbahn.

- Das <u>schwere Teilchen</u> fliegt aus der Kurve (landet ganz oben auf der Fotoplatte)
- Das <u>leichte Teilchen</u> schafft die enge Kurve (landet unten auf der Fotoplatte).

Anwendung: Der Massenspektrograph dient der Massebestimmung kleinster Teilchen (z.B. Elektron $m_e = 9{,}109 \cdot 10^{-31} kg$) und für chemische Untersuchungen.

■ **Zusammenfassend ergeben sich zu den Filtern folgende Formeln:**

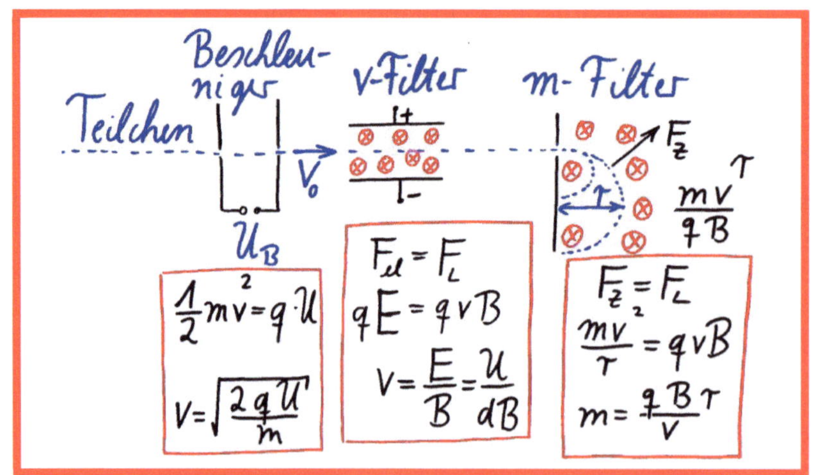

 © Badell.de

6.4 Aufgaben

1. **Der Geschwindigkeitsfilter:** Ein Geschwindigkeitsfilter für Teilchen enthält ein elektrisches und ein magnetisches Feld. Beide Felder überlagern sich. Die Lorentzkraft zieht das Teilchen (z.B. Proton) nach oben, die elektrische Kraft zieht es nach unten.

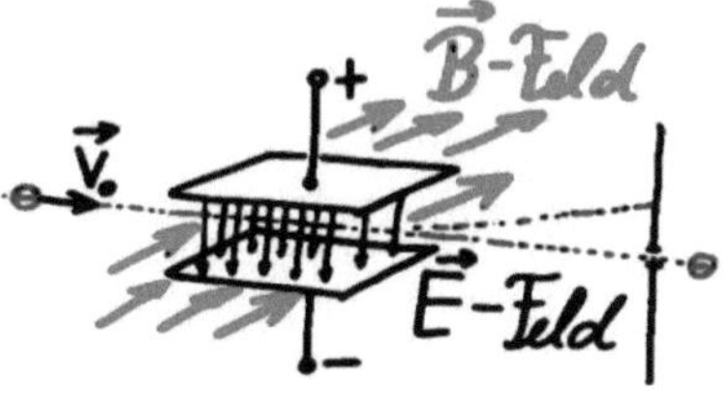

   a) Warum gelangen nur Teilchen mit einer ganz bestimmten Geschwindigkeit durch den Filter?

   b) Das elektrische Feld hat eine Stärke von E = 10 kV pro Meter. Das Magnetfeld hat eine Stärke (Flussdichte) von 50 mT. Welche Geschwindigkeit hat ein Proton, das diesen Filter geradeaus passieren kann, ohne abgelenkt zu werden?

   c) Hinter dem Geschwindigkeitsfilter ist das E-Feld zuende, das B-Feld bleibt bestehen. Das Proton bewegt sich im Magnetfeld auf einer Kreisbahn. Wie groß ist der Bahnradius?

   d) Was ändert sich in dieser Anordnung am Flug des Teilchens, wenn es schwerer ist?

   e) Skizzieren oder beschreiben Sie kurz den Aufbau eines Massefilters (Massenspektrograph).

2. **Das Zyklotron:** Ein Zyklotron ist ein Teilchenbeschleuniger, der Teilchen im Vakuum auf einer Kreisbahn beschleunigt. Ein solcher Teilchenbeschleuniger wurde 1930 erstmals gebaut. Weil das Gerät die Relativitätstheorie nicht berücksichtigt, können nur Geschwindigkeiten unterhalb 0,1c erreicht werden (10% der Lichtgeschwindigkeit).

   a) Beschreiben Sie anhand der Abbildung die Funktion eines Zyklotrons.

   b) Welchen Einfluss hat die Relativitätstheorie auf die erreichbare Geschwindigkeit?

   c) Die magnetische Flussdichte B im Zyklotron beträgt 0,78 T. Wie groß ist der Bahndurchmesser eines <u>Protons</u>, wenn es auf 10% der Lichtgeschwindigkeit beschleunigt wird?

   d) Die Wechselspannung (Beschleunigungsspannung) beträgt 2kV. Wie oft durchläuft das <u>Proton</u> diese Beschleunigungsspannung, bis es seine Endgeschwindigkeit (0,1 c) erreicht?

   e) Wie groß ist hierbei die Frequenz der Kreisbewegung bzw. der Wechselspannung? Welche Zeit T benötigt das Proton für einen Umlauf?

   f) Die Abbildung oben zeigt in der Draufsicht, dass die Teilchen in der Kreisbahn sich rechts herum drehen. In welche Richtung muss das B-Feld zeigen, wenn..

   - ..Protonen beschleunigt werden?
   - ..Elektronen beschleunigt werden?

3. **Der Teilchenbeschleuniger „Large Hadron Collider" (LHC):** Am Forschungszentrum CERN in Genf befindet sich der zur Zeit größte Teilchenbeschleuniger der Welt, LHC, der 2008 in Betrieb genommen wurde. Das Akronym CERN leitet sich vom französischen Namen des Rates ab, der mit der Gründung der Organisation beauftragt war, dem Conseil Européen pour la Recherche Nucléaire.

Im LHC werden Teilchen auf eine kinetische Energie von 14 Teraelektronenvolt (TeV) beschleunigt. Damit kreisen Protonen, die Kerne von Wasserstoffatomen, im 27 Kilometer umfassenden Ring. Tiefgekühlte, supraleitende Magnete halten sie in der Spur. Ein Protonenstrahl läuft dabei im Uhrzeigersinn, ein anderer entgegengesetzt. An einigen Stellen befinden sich Kollisionspunkte, an denen die Strahlen aufeinandertreffen. Dort registrieren die haushohen Detektoren Trümmerstücke der Kollisionen. [Quelle: Spektrum der Wissenschaft]

    a) Ein eV ist die kinetische Energiemenge, die ein Elektron erhält, wenn es die Spannung von 1V durchläuft. Rechnen Sie die kinetische Energie eines Protons (13 TeV) in Joule um.

    b) Wie groß ist die frei werdende (maximale) Energiemenge in Kilowattstunden (kWh), wenn ZWEI entgegengesetzte Protonen (je 13 TeV) aufeinandertreffen?

    c) Nach der Relativitätstheorie (Albert Einstein) werden Teilchen schwerer, je schneller sie sich bewegen. Die Gewichtsangaben der Teilchen in Fachbüchern bezieht sich also immer auf die Ruhemasse. Die beschleunigten Protonen erreichen bei 14 TeV eine Geschwindigkeit von 99,9999991% der Lichtgeschwindigkeit. Wie groß ist bei dieser Geschwindigkeit die Protonenmasse, um der Formel $E_{kin}=\frac{1}{2}mv^2$ zu genügen? Wie vielen Ruhemassen eines Protons entspricht das?

4. Grundlagen "Wienscher Geschwindigkeitsfilter und Massenspektrograph"

    a) Erklären Sie die Funktionsweise eines Geschwindigkeitsfilters und nennen Sie die Gleichgewichtsbedingung, unter der ein Proton den Filter ohne Ablenkung passiert.

    b) Die elektrische Feldstärke im Filter beträgt 10.000 V/m. Das Magnetfeld hat 500 mT. Mit welcher Geschwindigkeit passiert das Proton den Filter ohne Ablenkung?

    c) Hinter dem Geschwindigkeitsfilter fliegt das Proton jetzt weiter in einen Massefilter. Wie groß ist der Radius seiner Flugbahn, wenn das Magnetfeld weiterhin 500 mT hat?

    d) Hat das Proton im Massefilter einen größeren, oder kleineren Radiusa als das Elektron?

    e) Stellen Sie eine Formel m(r) auf, mit der die Masse eines Teilchens berechnet werden kann in Abhängigkeit vom Radius im Massefilter.

5. **Teilchenfilter zur Bestimmung einer spezifischen Ladung q/m:** Ein Ionenstrahl wird zunächst durch ein Magnetfeld geleitet. Das B-Feld hat die Form eines Kreissegments. Zunächst sei $q/m = 4{,}8 \cdot 10^6 \ C/kg$.

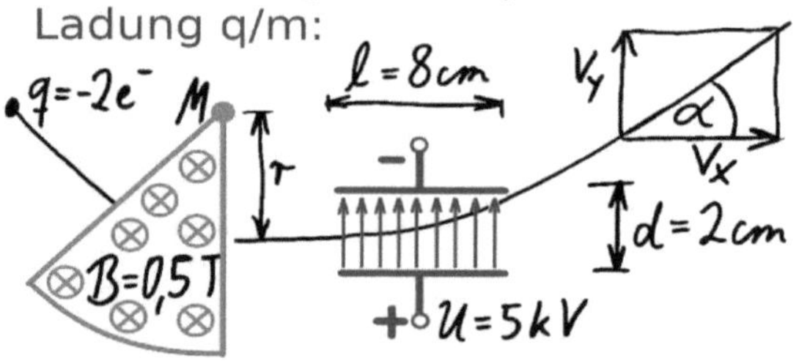

    a) Warum wird eine Kreisbahn durchlaufen und warum ist in dieser Kreisbahn die Geschwindigkeit konstant?

    b) Leiten Sie eine Formel her für die Geschwindigkeit in Abhängigkeit von r, B und q/m.

    c) Berechnen Sie die Geschwindigkeit v für r = 0,3 m und eine spezifische Ionenladung von $4{,}8 \cdot 10^6 \ C/kg$.

    d) Der Ionenstrahl gelangt jetzt in den Kondensator (s. Bild). Berechnen Sie: Durchlaufzeit t, Beschleunigung a_y, Geschwindigkeit v_y hinter dem Kondensator und Ablenkwinkel α.

    e) Das Magnetfeld dient als Massefilter. Erklären Sie seine Funktion.

    f) Berechnen Sie die spezifische Ladung q/m für einen Radius r = 0,3 m und α = 15°.

7 Der Wechselstrom

7.1 Unser Stromnetz

7.1.1 🎓🎓 Definition: Wechselstrom

direct current (DC)	der Gleichstrom	socket, socket outlet	die Steckdose
alternating current (AC)	der Wechselstrom	(=power socket, power outlet)	
three-phase current	der dreiphasen-Wechselstrom	positive pole	der Pluspol
	(=der Drehstrom)	wire, cord	die Leitung
phase	die Phase (L1, L3, L3)	cable (wire for use in the earth)	das Kabel (in der Erde)
neutral conductor	der Nullleiter	conductor	der Leiter
earthing (protective earth PE)	die Erdung **PE**	lead, core (of a cable)	die Ader
earthing in case of water pipes	der Potentialausgleich **PA**	insulation	die Isolation

Gleichstrom	Wechselstrom	Dreiphasen-Wechselstrom (= Drehstrom) siehe auch Kapitel 5.4
Gleichstrom nutzen wir vor allem dort, wo Batterien im Spiel sind: Ladegeräte, Zigarettenzünder (Autobatterie), USB-Kabel, Spielzeug. Gleichspannungen bis 60V gelten als ungefährlich. Je nach Anwendung existieren aber andere Vorschriften.	Zuhause in der Steckdose haben wir Wechselstrom. Die Phase (schwarz) wechselt zwischen +325V und -325V. Der Nullleiter (blau) ist geerdet und hat 0 Volt. Im Mittel ergibt sich ein Effektivwert von 230V zwischen Nullleiter und Phase (s. Kapitel 7.2).	Draußen am Hausanschluss haben wir Drehstrom. Das sind einfach nur drei Leiter mit Wechselstrom, die nacheinander schwingen (120° versetzt). In jede Wohnung wird eine der Phasen gelegt. Dort ist es dann Wechselstrom.
Beispiel: 5V USB Steckdose	Beispiel: 230V Steckdose	Beispiel: 400V CEE - Steckdose
Vier Anschlüsse: Pin 1 rechts: +5V Pin 4 links: 0V (Masse)	Mittig: Phase L1 und Nullleiter N. Oben und unten: Schutzleiter PE (protective earth)	Im Uhrzeigersinn: Phasen L1, L2, L3, Nulleiter N, und Schutzleiter PE (protective earth)
Beispiel: Spielzeugmotor	Beispiel: Waschmaschinenmotor	Beispiel: Industriemotor

■ Kabel, Leitungen, Adern und Leiter

Leitung: Eine elektrische Leitung besteht aus einem oder aus mehreren, gegeneinander isolierten <u>Adern</u> (=Leiter). Das Bild rechts zeigt die <u>Leiter</u> einer Hochspannungsleitung. Leitungen mit Isolierung sind unten zu sehen.

Kabel: Kabel sind stabiler, als Leitungen. Sie werden in der Erde verlegt und sind in der Regel schwarz.

Gleichstrom	Wechselstrom	Dreiphasen-Wechselstrom (= Drehstrom)
Pluspol: Oft 5V, 6V oder 12V. Rotes Kabel. **Minuspol**: In der Regel 0V. Häufig blaues Kabel.	**Phase**: Im Haushalt schwankt die Phase zwischen +325V und -325V. Im Mittel sind es 230V. **Nullleiter:** Der zweite Pol heißt Nullleiter und hat 0 Volt. Er ist geerdet. Farbe: Blau.	**Phasen**: Es gibt drei Pasen mit den Bezeichnungen L1, L2 und L3 (braun/schwarz/grau). **Nullleiter N:** Der Nullleiter (0V, blau) wird oft nicht benutzt.
	Schutzleiter PE (= Erdung = protective Earth, grün-gelb): Sobald im Schutzleiter irgend ein Strom fließt, schaltet der Fehlerstromschutzschalter (FI, rechts) alles aus. Im (ebenfalls geerdeten) Nulleiter dagegen darf Strom fließen. 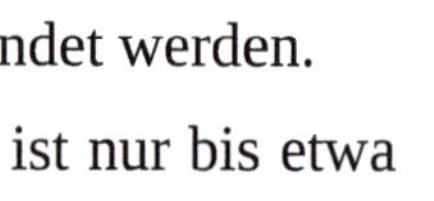	

7.1.2 🎓🎓🎓 Die Erzeugung des Wechselstroms

Im Windrad, Gaskraftwerk oder Wasserkraftwerk dreht sich ein Generator (s. Drehstrom Synchronmotor, Kapitel 5.4). Dessen Spannung wird im Umspannwerk (s. Transformator, Kapitel 7.1.3) auf Hochspannung transformiert.

Die Spannung am Hochspannungsmast erkennt man an der Zahl der Isolatoren: 110 kV = ein Isolator, 220 kV = zwei Isolatoren, 380 kV = drei Isolatoren. Bild rechts: zwei Isolatoren in Reihe an einem alten Mast. Früher hingen sie senkrecht, heute waagerecht. Je höher die Spannung, desto weniger Verluste hat die Leitung. Die Verluste von Freileitungen liegen bei etwa 1% pro 100 Kilometer. Für sehr lange Leitungen (z.B. von der Küste nach Bayern) muss die effektivere, aber teure Hochspannungsgleichstrom-Übertragung (HGÜ) verwendet werden.

Unser Netz schwingt mit 50 Herz. Eine einheitliche Schwingung des gesamten Netzes ist nur bis etwa 1000 km Größe möglich. Daher muss an den Grenzen zum Ausland umgespannt werden.

 Badell.de

ideal transformer	der ideale Transformator	number of windings	die Windungszahl
(= no energy losses)	(= ohne Energieverluste)	primary windings	primärwindungen
primary coil (field coil)	die Primärspule (Feldspule)	secondary windings	sekundärwindungen
secondary coil (induction coil)	die Sekundärspule (Induktionsspule)	internal restistance	der Innenwiderstand

Feldspule und Induktionsspule
(s. Kapitel 5.3.1)

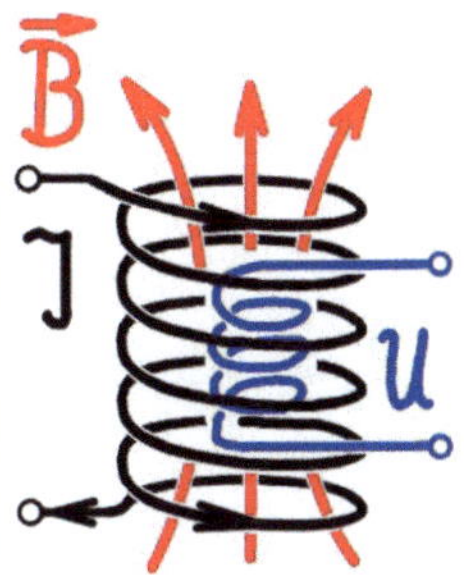

Der Strom in der **Feldspule** erzeugt ein Magnetfeld, welches dann in der **Induktionsspule** die Spannung induziert.

Der Transformator

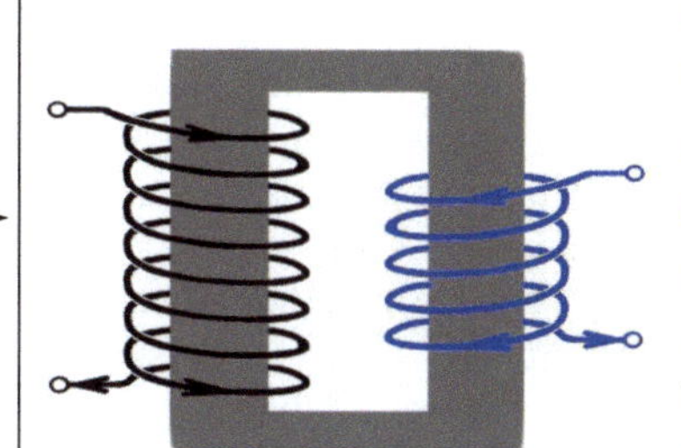

Der Strom in der **Primärspule** erzeugt ein Magnetfeld, welches dann in der **Sekundärspule** die Spannung induziert. Das geht natürlich nur mit **Wechselstrom !** (s. Kapitel 5.3.1)

Der **Eisenkern** (grau) leitet das Magnetfeld. Die magnetische Leitfähigkeit (Permeabilität) von Eisen ist 250 .. 680 mal so groß, wie die von Luft.

<u>Formeln</u> für den idealen Transformator:

- Spannungsverhältnis im idealen Transformator <u>oder</u> im unbelasteten Transformator:

$$\frac{U_1}{U_2} = \frac{N_1}{N_2}$$

- Stromverhältnis im idealen Transformator:

$$\frac{I_1}{I_2} = \frac{N_2}{N_1}$$

- Daraus folgt mit dem Energieerhaltungssatz für den idealen Transformator:

$$P_{primär} = P_{sekundär} \quad \text{bzw.}$$
$$P_1 = P_2$$
$$\Leftrightarrow \quad U_1 \cdot I_1 = U_2 \cdot I_2$$
$$\Leftrightarrow \quad \frac{I_2}{I_1} = \frac{U_1}{U_2} = \frac{N_1}{N_2}$$

Ein Transformator liefert also entweder hohe Spannung (viele Sekundärwindungen) oder hohen Strom (wenige Sekundärwindungen)

Begriffe:

- <u>Primärspule</u> = erste Spule (Feldspule)
- <u>Sekundärspule</u> = zweite Spule (Induktionsspule)
- <u>idealer Transformator</u> = Trafo ohne Energieverluste = kein innerer, ohmscher Widerstand in der Wicklung und keine Wirbelstromverluste im Eisenkern

<u>Formeln</u> für den realen Transformator

- Die Formeln für Spannungsverhältnis und Stromverhältnis gelten näherungsweise. Durch die Verluste sind Spannung und Strom auf der Sekundärseite etwas kleiner. Lesen Sie zu diesem Thema bitte das Kapitel über ideale und reale Spannungsquellen (Ersatzspannungsquelle, Kapitel 4.1.5).

- Der Wirkungsgrad:

$$\eta = \frac{P_{ab}}{P_{zu}} = \frac{P_2}{P_1}$$

Beispiel Schweißtransformator: Ein hoher Strom bringt den Schweißdraht zum Glühen. Damit ein hoher Strom auf der Sekundärseite fließen kann, muss die Spannung heruntertransformiert werden.

Obwohl bei einem Schweißtrafo der gewünschte Strom eingestellt wird, ist der Trafo meistens nicht stromstabilisiert. Das hält den Lichtbogen stabiler, weil dann bei steigendem Abstand (Draht-Bauteil) die Spannung steigt.

Eine **Alternative zum Transformator** sind die heutigen Ladegeräte, z.B. für Smartphones. Ein Thyristor zerhackt die Wechselspannung wie ein Lichtschalter, der immer ganz schnell ein- und ausgeschaltet wird, so dass das Licht im Durchschnitt dunkler ist (=Phasenanschnitt). Diese Schnipsel werden dann mit Dioden gleichgerichtet (→pulsierende Gleichspannung) und mit Kondensator und Spule (=Drosselspule) geglättet (→geglättete Gleichspannung). Zur Stabilisierung der Ausgangsspannung werden dann Z-Dioden eingesetzt, die beim Überschreiten ihrer Durchbruchspannung ein weiteres Erhöhen der Spannung verhindern (Spannungs-stabilisiertes Netzgerät). Dazu wird einfach die Z-Diode mit einem Vorwiderstand in Reihe geschaltet und der Verbraucher greift seine stabilisierte Spannung über der Diode ab (s. auch Kapitel 4.1.5). Für Spezialfälle gibt es neben den spannungsstabilisierten Netzgeräten auch stromstabilisierte Geräte oder es werden Strom und Spannung elektronisch den Bedürfnissen angepasst (z.B. Elektroauto Ladegerät).

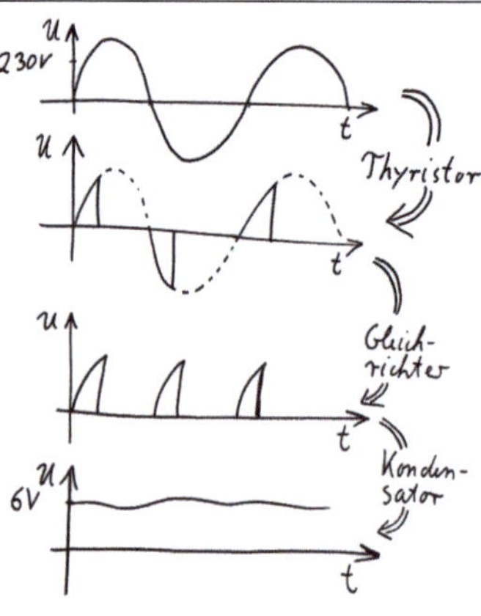

AUFGABEN

1. **Der Wirkungsgrad beim Schweißtrafo:** Zum Schweißen eines Stahlträgers wird ein Transformator verwendet mit den Windungszahlen $N_{primär}$ =3450 und $N_{sekundär}$ =300. Eine Steckdose hat 230 V. Es sollen maximal 10 A fließen.

   a) Wie groß wäre der theoretisch maximal mögliche Schweißstrom, wenn es sich um einen idealen Transformator handen würde? Welche Spannung hätte die Sekundärseite dabei?

   b) Wie groß ist der Strom beim Schweißen, wenn der Wirkungsgrad des Trafos 85% beträgt? Der Wirkungsgrad soll sich auf Spannung und Stromstärke gleich stark auswirken.

2. **Ein Transformator für eine Spielzeugeisenbahn** hat auf der Primärseite N_1= 2760 Windungen und auf der Sekundärseite N_2= 300 Windungen. Die Steckdose hat 230 V.

   a) Welche Spannung hat der Trafo auf der Sekundärseite im Leerlauf?

   b) Vereinfachend nehmen wir jetzt an, dass der Transformator nahezu verlustfrei arbeitet. Die Primärwindung ist ohne ohmschen Widerstand und im Eisenkern sind keine Wirbelstromverluste. Nur die Sekundärspule hat einen kleinen, ohmschen Widerstand R_{innen}.

   Die Spielzeug-Eisenbahn, die mit dem Eisenbahntrafo betrieben wird, benötigt 20 Volt. Im Betrieb fließen 1,5 Ampere. Wie groß darf der Widerstand R_{innen} höchstens sein, damit die Bahn mit 20V versorgt wird?

   c) Berechnen Sie den Strom in der Primärspule.

   d) Eine Überlastung, bei der zu viel Strom durch eine Spule fließt, kann den Transformator zerstören. Die Windungen der Spulen werden dabei so heiß, dass der rote, isolierende Lack zwischen den Windungen zerstört wird. Wie viele Spielzeugeisenbahnen könnten maximal gleichzeitig mit dem Trafo betrieben werden, wenn die Primärspule bis zu 1A aushält, ohne durchzubrennen?

  Badett.de

7.2 Einphasen-Wechselstrom

7.2.1 Effektivwert, Gleichrichtwert und Leistung

RMS value (root mean square value)	der Effektivwert	instantaneous value	der Momentanwert
effective value	der Effektivwert	peak value	der Scheitelwert
ARV value (average rectified value)	der Gleichrichtwert	peak to peak value	der Spitze-Spitze Wert
average absolute value	der Gleichrichtwert	mean values	die Mittelwerte

■ Mittelwerte

Der Gleichrichtwert	Der Effektivwert
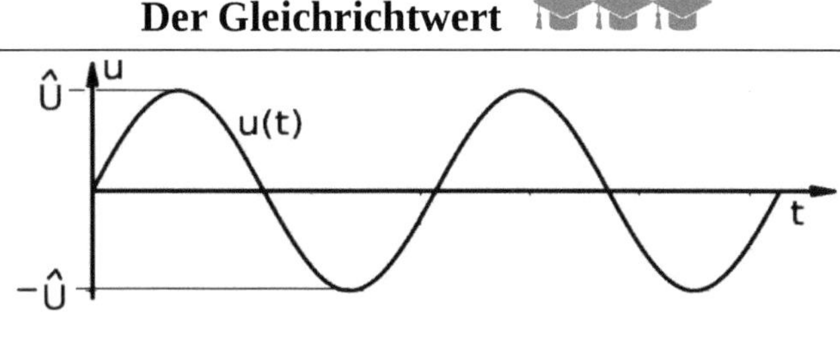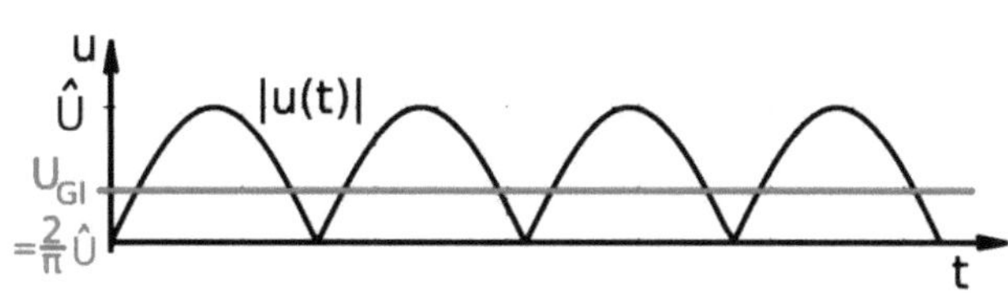	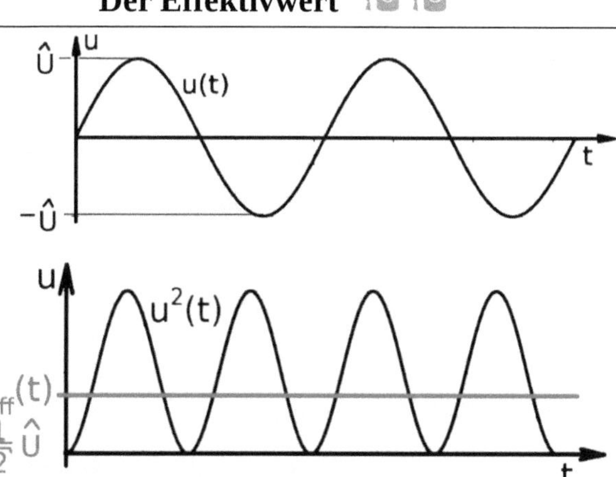

Der Gleichrichtwert

- Die Spannung u(t) verläuft meistens als Sinuskurve (oberes Bild).
- → Die Spannung wird gleichgerichtet (positive Halbwellen, unteres Bild).
- → Der Gleichrichtwert U_{Gl} ist der Mittelwert der gleichgerichteten Spannung. <u>Englisch</u>: Average rectified value = ARV value.

$$U_{Gl} = \frac{1}{t} \cdot \int_0^t |u(t)| \cdot dt$$

Für sinusförmigen Wechselstrom gilt:

$$U_{Gl} = \frac{2}{\pi} \cdot \hat{U}$$

Der Effektivwert

- Die Spannung u(t) verläuft meistens als Sinuskurve (oberes Bild).
- → Die Spannung wird quadriert (unteres Bild).
- → Der Effektivwert U_{eff} ist die Wurzel aus dem Mittelwert der quadrierten Spannung. <u>Englisch</u>: Root mean square value = RMS value.

$$U_{eff} = \sqrt{\frac{1}{t} \cdot \int_0^t u^2(t) \cdot dt}$$

Für sinusförmigen Wechselstrom gilt:

$$U_{eff} = \frac{1}{\sqrt{2}} \cdot \hat{U}$$

Die Formel $P = U \cdot I$ soll nicht nur für Gleichstrom, sondern auch für Wechselstrom gelten. Damit das funktioniert, hat man sich standardmäßig für den Effektivwert entschieden. Übliche Spannungsmessgeräte zeigen also den Effektivwert U_{eff} an (nicht den Gleichrichtwert U_{Gl} und nicht den Maximalwert $\hat{U}$).

Der Gleichrichtwert transportiert die gleiche Ladungsmenge, wie ein entsprechender Gleichstrom.	Der Effektivwert erzeugt an einem ohmschen Widerstand die gleiche Wärmeleistung, wie eine Gleichspannung mit gleichem Wert.

■ Momentanwerte

<table>
<tr><td>

Momentanwerte werden mit
Kleinbuchstaben benannt:

$u(t) = Momentanspannung$
$i(t) = Momentanstrom$
$p(t) = u \cdot i = Momentanleistung$

</td><td>

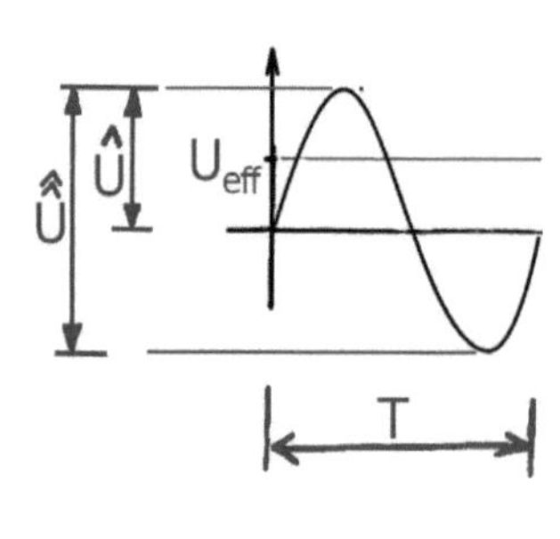

</td><td>

Für konstante Größen werden Groß-
buchstaben verwendet:

$U_{eff} = Effektivspannung$
$\hat{U} = U_S = Scheitelwert\ der\ Spannung$
$\hat{\hat{U}} = U_{SS} = Spitze-Spitze\ Wert$
$U_{gl} = Gleichrichtwert$
$I_{eff} = Effektivstrom$
$P = U_{eff} \cdot I_{eff} = Leistung$

</td></tr>
</table>

AUFGABEN

1. Scheitelwerte und Effektivwerte: Im Anschlusskabel für eine Kaffeemaschine fließt folgender Wechselstrom: Spannung U_{eff} = 230V; Strom I_{eff} = 3,7 A; Frequenz f = 50 Hz.

a) Wie groß sind die Scheitelwerte von Spannung und Strom? Hinweis: Verwenden Sie kleine Buchstaben für Momentanwerte (u(t), i(t)) und große Buchstaben für Mittelwerte (U_{eff}, I_{eff}).

b) Skizzieren Sie den Stromverlauf als Sinuskurve und tragen Sie ein:

- Die Amplitude des Stroms

- Die „Peak-to-Peak Amplitude" des Stroms

- Die Zeiten nach einer viertel Welle, einer halben Welle und nach einer vollen Welle.

c) Wie groß ist die Leistung, die von der Kaffeemaschine aufgenommen wird?

d) Wie groß ist die Leistung, die die Kaffeemaschine zum Zeitpunkt t =T/4 aufnimmt? (Hinweis: Spannung und Strom sind hier maximal. Die Kaffeemaschine wird als rein ohmscher Widerstand ohne Phasenverschiebung, angenommen).

2. Effektivleistung eines Generators: Ein Generator ist die Umkehrung eines Elektromotors: Die Rotationsenergie der Welle wird in elektrische Energie umgewandelt. In einem Generator wird die folgende Spannung induziert: $u_{ind}(t) = \hat{U} \cos(\omega \cdot t) = 700\,V \cdot \cos(105\,s^{-1} \cdot t)$

a) Berechnen Sie die Effektivspannung U_{eff}, den Effektivstrom I_{eff} (bei einem Leitungswiderstand von R =5Ω) und die elektrische Leistung P des Generators.

b) Die Leistung einer Welle ist $P_{Welle} = \omega \cdot M$. Berechnen Sie das Drehmoment, mit dem der Generator angetrieben werden muss (Der Wirkungsgrad ist 100%).

7.2.2 🎓🎓 Kapazitiver Widerstand, Induktiver Widerstand und Impedanz

ohmic resistance	der ohmsche Widerstand R	frequency f = drive n	die Frequenz f = Drehzahl n
= active resistance	= Wirkwiderstand	angular velocity ω	die Winkelgeschwindigkeit ω
inductive resistance	der induktive Widerstand X_L oder R_L	impedance	die Impedanz Z
capacitive resistance	der kapazitive Widerstand X_C oder R_C		= der Scheinwiderstand Z
reactance	der Blindwiderstand $X_L - X_C$		

■ Kapazitiver und induktiver Widerstand

• Der Kondensator :

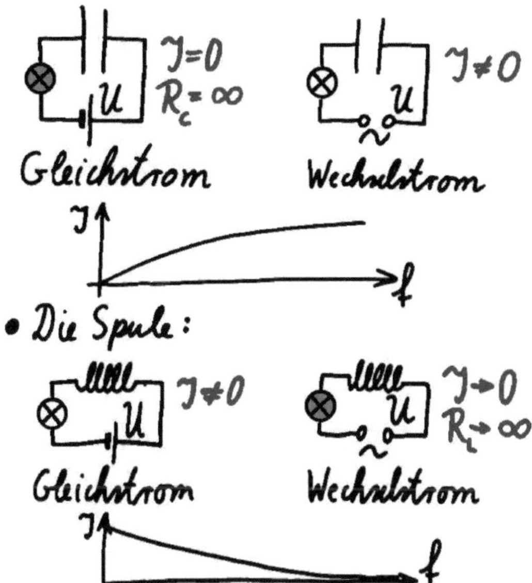

Der Kondensator lässt nur Wechselstrom durch. Er sperrt bei Gleichstrom.
<u>Grund</u>: Die beiden Platten des Kondensators sind nicht verbunden.

• Die Spule :

Eine Spule lässt nur Gleichstrom durch. Sie sperrt bei hochfrequentem Wechselstrom.
<u>Grund</u>: Die Spule möchte erst ein Magnetfeld aufbauen, bevor sie dann den Strom durchlässt.

Durch den Kondensator fließt Strom, solange dieser geladen oder entladen wird. Ein vollständig geladener Kondensator blockiert den Strom. Je größer die Frequenz f (bzw. Winkelgeschwindigkeit ω) und je größer die Kapazität C des Kondensators, desto besser fließt der Strom:

$$\textit{Kapazitiver Widerstand } R_C \textit{ oder } X_C = \frac{1}{\omega \cdot C}$$

s. auch Kapitel 4.2.5 (Kondensator im Wechselstromkreis)

Die Energie im magnetischen Feld einer Spule ($W_{magn} = 0{,}5\, L\, I^2$) hängt ab von der Größe des fließenden Stroms. Damit Strom fließen kann, muss also erst Energie in die Erzeugung des B-Feldes gesteckt werden. Entsprechend ist der Widerstand einer Spule größer, je schneller die Stromrichtung wechselt:

$$\textit{Induktiver Widerstand } R_L \textit{ oder } X_L = \omega \cdot L$$

mit $\omega = 2\,\pi\,f$
R in Ω

■ **Die Impedanz Z (= Scheinwiderstand)**

Die Impedanz ist der Scheinwiderstand, der sich aus ohmschem Widerstand, induktivem Widerstand und kapazitivem Widerstand zusammensetzt:

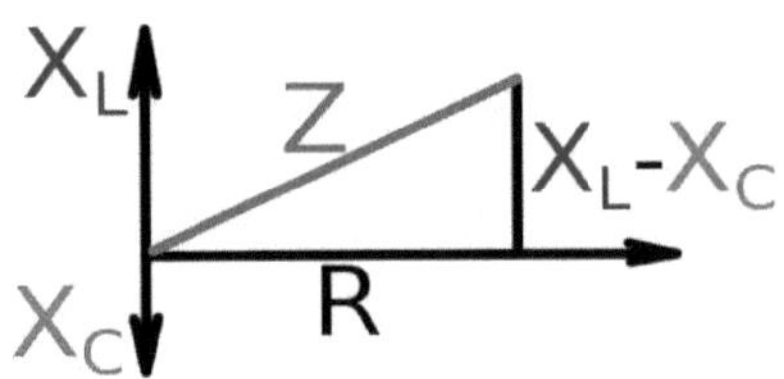

Die Ursache dieses Zusammenhangs ist die Phasenverschiebung, siehe Kapitel 7.2.3

> Der Scheinwiderstand Z wirkt im Wechselstromkreis genau so, wie wir es vom <u>Ohmschen Gesetz</u> her für den Gleichstromkreis schon kennen:
>
> $$U_{eff} = Z \cdot I_{eff}$$
>
> Diese Formel gilt nicht für Momentanwerte u(t) und i(t) und auch nicht für die Spitzenwerte $\hat{U}$ und $\hat{I}$.

Berechnung des Scheinwiderstands (=Impedanz) Z: Wie bei der Reihenschaltung und Parallelschaltung ohmscher Widerstände gelten auch für die Kombination induktiver und kapazitiver Widerstände entsprechende Formeln:

Reihenschaltung	Parallelschaltung
Pythagoras: $Impedanz^2$ $= Wirkwiderstand^2 + Blindwiderstand^2$ bzw. $Z = \sqrt{R^2 + (X_L - X_C)^2}$	Pythagoras: $1/Impedanz^2$ $= 1/Wirkwiderstand^2 + 1/Blindwiderstand^2$ bzw. $\dfrac{1}{Z} = \sqrt{\left(\dfrac{1}{R}\right)^2 + \left(\dfrac{1}{(X_L - X_C)}\right)^2}$

AUFGABEN

1. An einer Wechselspannung (U_{eff} =60 V, f =20 Hz) hängen in Reihe ein Kondensator (C =20 µF), eine Spule (L =5 H) und ein Widerstand (R =20 Ω).

   a) Wie groß ist der kapazitive Widerstand im Kondensator?

   b) Wie groß ist der induktive Widerstand in der Spule?

   c) Berechnen Sie die Impedanz Z (=Scheinwiderstand) des Stromkreises in Ohm. Wie groß ist der Effektivstrom I_{eff}?

   d) Welche Effektivspannung U_{eff} liegt jeweils an den einzelnen Bauteilen an?

   e) Jetzt werden 60 V Gleichspannung angelegt. Welche Spannungen liegen an den Bauteilen?

7.2.3 🎓🎓 Phasenverschiebung und Zeigerdiagramm

vector diagram	das Zeigerdiagramm	phase angle	der Phasenwinkel φ
sinusoidal (sinus wave form)	sinusförmig	phase shift	die Phasenverschiebung Δφ

Phasenverschiebung φ bei einer Spule:

Liegt Spannung an einer Spule, dann dauert es einige Zeit, bis das Magnetfeld aufgebaut wurde und der Strom fließt.

→ **Der Strom läuft um 90 Grad hinterher.**

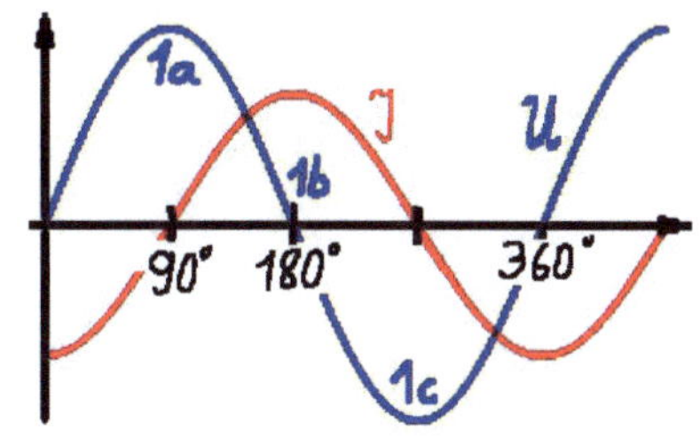

Phasenverschiebung φ bei einem Kondensator:

Fließt Strom in einen Kondensator, dann dauert es einige Zeit, bis der Kondensator geladen ist und eine Spannung hat.

→ **Der Strom läuft um 90 Grad voraus.**

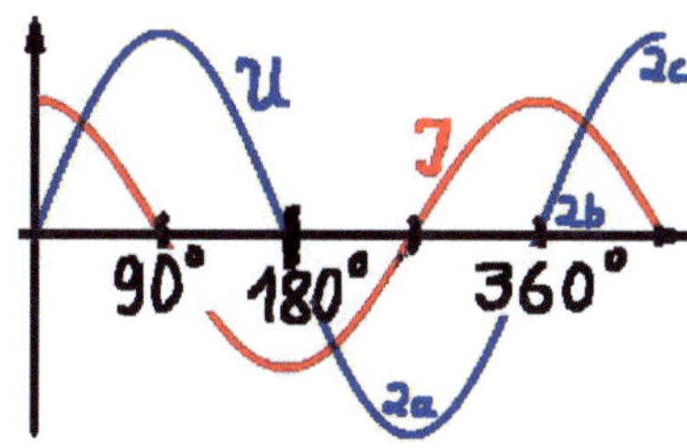

Analogie:

Erst Wasserdruck, dann Wasserstrom:

Beim Wasserschlauch muss einige Zeit lang Druck anliegen, bis das Wasser in Schwung kommt.

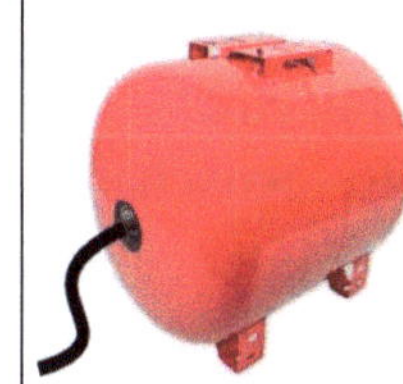

Erst Wasserstrom, dann Wasserdruck:

In einen Druckbehälter muss einige Zeit lang Wasser fließen, bis sich Druck aufbaut.

■ **Das Zeigerdiagramm:**

Die Spannung $u(t) = \hat{U}\cos(\omega \cdot t)$ ist unten als Sinuskurve dargestellt. Ein bestimmter Moment, z.B. φ =60° oder φ =150° kann rechts im Kreis als Zeiger dargestellt werden. Die Drehrichtung im Zeigerdiagramm ist immer links herum (entgegen dem Uhrzeigersinn = mathematisch positiv).

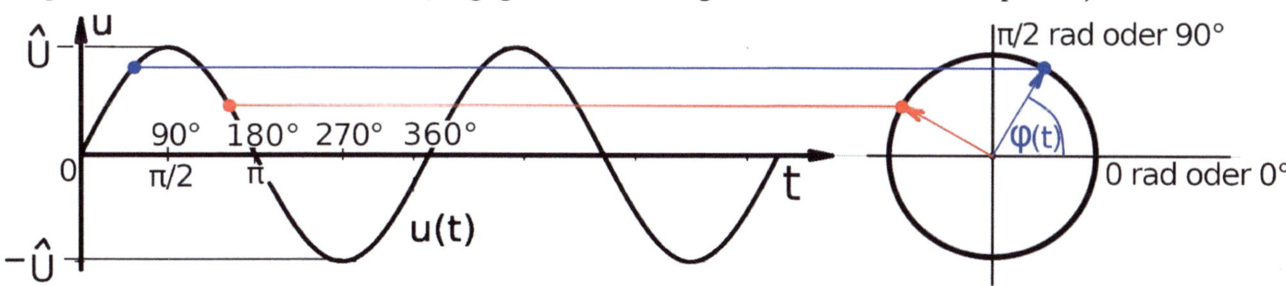

■ **Der Phasenwinkel φ (=Winkel zur x-Achse):** Strom und Spannung verlaufen als Sinuskurve (s. Bild oben). Eine Momentaufnahme von Strom und Spannung kann in das Zeigerdiagramm übertragen werden. Dort gibt der Phasenwinkel φ an, an welcher Position der Sinuskurve sich Strom oder Spannung gerade befinden.

■ **Die Phasenverschiebung Δφ (=Winkel zwischen Strom und Spannung):** Als Phasenverschiebung wird der Winkel zwischen Strom und Spannung bezeichnet, wenn Strom und Spannung (im Kondensator oder in der Spule) nicht synchron sind.

Achtung: Auch die Phasenverschiebung wird oft vereinfachend "Phasenwinkel" genannt!

BEISPIEL zum Zeigerdiagramm: Widerstand, Spule und Kondensator sind in Reihe geschaltet. Die drei bekannten Spannungen $\hat{U}_R$, $\hat{U}_L$ und $\hat{U}_C$ sollen addiert werden.

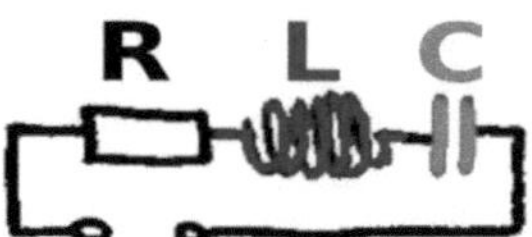

Lösungsweg:

- Zunächst wird die über dem Widerstand vorhandene Spannung $\hat{U}_R$ unter einem beliebigen Winkel φ eingetragen (hier ca. 40°).

- Dann wird 90° weiter (nach links) $\hat{U}_L$ und 90° zurück (nach rechts) $\hat{U}_C$ eingetragen.

- Abschließend können $\hat{U}_R$ und ($\hat{U}_L$ - $\hat{U}_C$) vektoriell addiert werden zur Gesamtspannung $\hat{U}_{RLC}$.

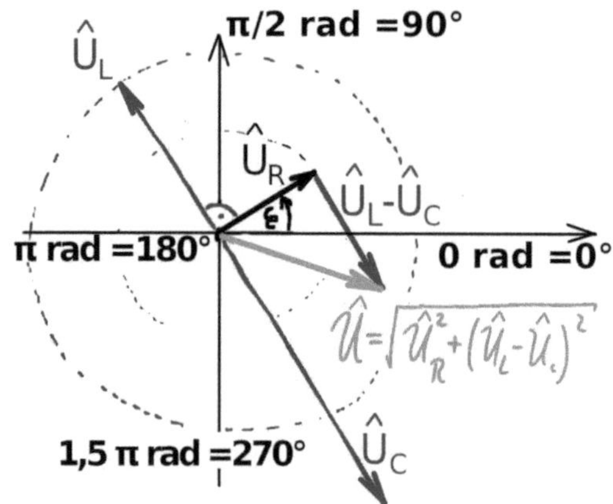

Die Abbildung verdeutlicht anschaulich, dass die Gesamtspannung U nicht der (skalaren) Summe der Einzelspannungen entspricht, sondern nur vektoriell (oder mit Pythagoras) ermittelt werden kann.

AUFGABEN

1. **Kapazitiver und induktiver Widerstand:** Eine zylinderförmige Spule (N =4000 Windungen, l =200mm, d =30mm) wird mit einem Kondensator (50 µF) und einem Widerstand (20 Ω) in Reihe geschaltet. An dieser Reihenschaltung liegt eine Effektivspannung von U_{eff} =150 V an. Die Frequenz der sinusförmig schwingenden Spannung beträgt f =50 Hz.

   a) Berechnen Sie die Induktivität L der Spule.

   b) Berechnen Sie den Scheitelwert $\hat{U}$.

   c) Wie groß sind der induktive Widerstand der Spule und der kapazitive Widerstand des Kondensators? Wie groß ist der durch Spule, Kondensator und Widerstand fließende Effektivstrom?

   d) Die außen anliegende Spannung ist sinusförmig und beginnt zum Zeitpunkt t =0 mit 0 V. Beantworten Sie allgemein: Zu welchen Zeitpunkten sind die momentanen Widerstände von Spule und Kondensator jeweils maximal?

   e) Jetzt soll ein <u>Zeigerdiagramm</u> erstellt werden. Zeigerdiagramme werden häufig mit den Effektivwerten der Spannungen gezeichnet. Wir wollen aber die Scheitelwerte der Spannungen verwenden. Vorteil: Man kann dann an der y-Achse wunderbar die Momentanwerte der Spannungen ablesen.

   Zunächst benötigen wir also Scheitelwerte der Spannungen, die über R, R_L und R_C abfallen. Ermitteln Sie Diese mit Hilfe des in c) berechneten Effektivstroms.

   f) Zeigerdiagramm für den Zeitpunkt t =T/8: Zeichnen Sie für diesen Zeitpunkt das Zeigerdiagramm mit den Spannungen U, $\hat{U}_R$, $\hat{U}_L$ und $\hat{U}_C$.

   g) Berechnen Sie die Spannungen $\hat{U}$ und U_{eff} .

   h) Berechnen Sie die Momentanspannungen $u_R(t)$, $u_L(t)$ und $u_C(t)$ für den Zeitpunkt t =T/8. Tragen Sie die Ergebnisse in das Zeigerdiagramm ein.

7.2.4 🎓🎓🎓 Wirkleistung, Blindleistung und Scheinleistung

active power	die Wirkleistung P	ohmic resistance	der ohmsche Widerstand R
reactive power	die Blindleistung Q	reactance	der Blindwiderstand X_L - X_C
apparent power	die Scheinleistung S	impedance	der Scheinwiderstand = Impedanz Z
circuit diagram, connection diagram	der Schaltplan		

Wirkleistung	Blindleistung	Scheinleistung
$P_{Wirk}=$ $$P = U \cdot I \cdot \cos(\varphi)$$	$P_{Blind}=$ $$Q = U \cdot I \cdot \sin(\varphi)$$	$P_{Schein}=$ $$S = U \cdot I$$ $$= \sqrt{P^2 + Q^2}$$
Reine Wirkleistung gibt es nur am ohmschen Widerstand, also beim Phasenwinkel $\varphi = 0°$.	Reine Blindleistung gibt es nur am Blindwiderstand (Spule und Kondensator), also beim Phasenwinkel $\varphi = 90°$ oder $\varphi = -90°$.	Wirkleistung und Blindleistung zusammen ergeben die Scheinleistung. Pythagoras

Kondensator (Kapazität) und Spule (Induktivität) können Energie speichern. Blindleistung heißt, dass eine Leistung nur kurzzeitig an eine Induktivität oder Kapazität abgegeben und sofort wieder an den Stromkreis zurückgegeben wird. Die Energie bleibt also im Stromkreis.

BEISPIELE

Schaltplan	Spannung (Effektivwerte: Der Index eff ist optional).	Zeigerdiagramm	Leistung
U ~ R	$U_R = R \cdot I$	Phasenwinkel $\varphi=0°$ Strom und Spannung haben die gleiche Phase	Ein Widerstand hat reine Wirkleistung wegen $\varphi = 0°$: $P = U \cdot I \cdot \cos(0°)$ $P = U \cdot I$ $Q = U \cdot I \cdot \sin(0°)$ $= 0$
U ~ L	$U_L = X_L \cdot I$ mit $R_L = \omega \cdot L$	Phasenwinkel $\varphi = 90°$ Die Spannung eilt um 90° voraus (Spule muss erst Feld aufbauen, bevor Strom fießt)	Eine Spule hat reine Blindleistung wegen $\varphi = 90°$: $Q = U \cdot I \cdot \sin(90°)$ $Q = U \cdot I$ $P = U \cdot I \cdot \cos(90°)$ $= 0$
U ~ C	$U_C = X_C \cdot I$ mit $R_C = \dfrac{1}{\omega \cdot C}$	Phasenwinkel $\varphi = -90°$ Der Strom eilt um 90° voraus (Kondensator muss erst geladen werden, bevor Spannung anliegt)	Ein Kondensator hat reine Blindleistung wegen $\varphi = -90°$: $Q = U \cdot I \cdot \sin(-90°)$ $Q = U \cdot I$ $P = U \cdot I \cdot \cos(-90°)$ $= 0$

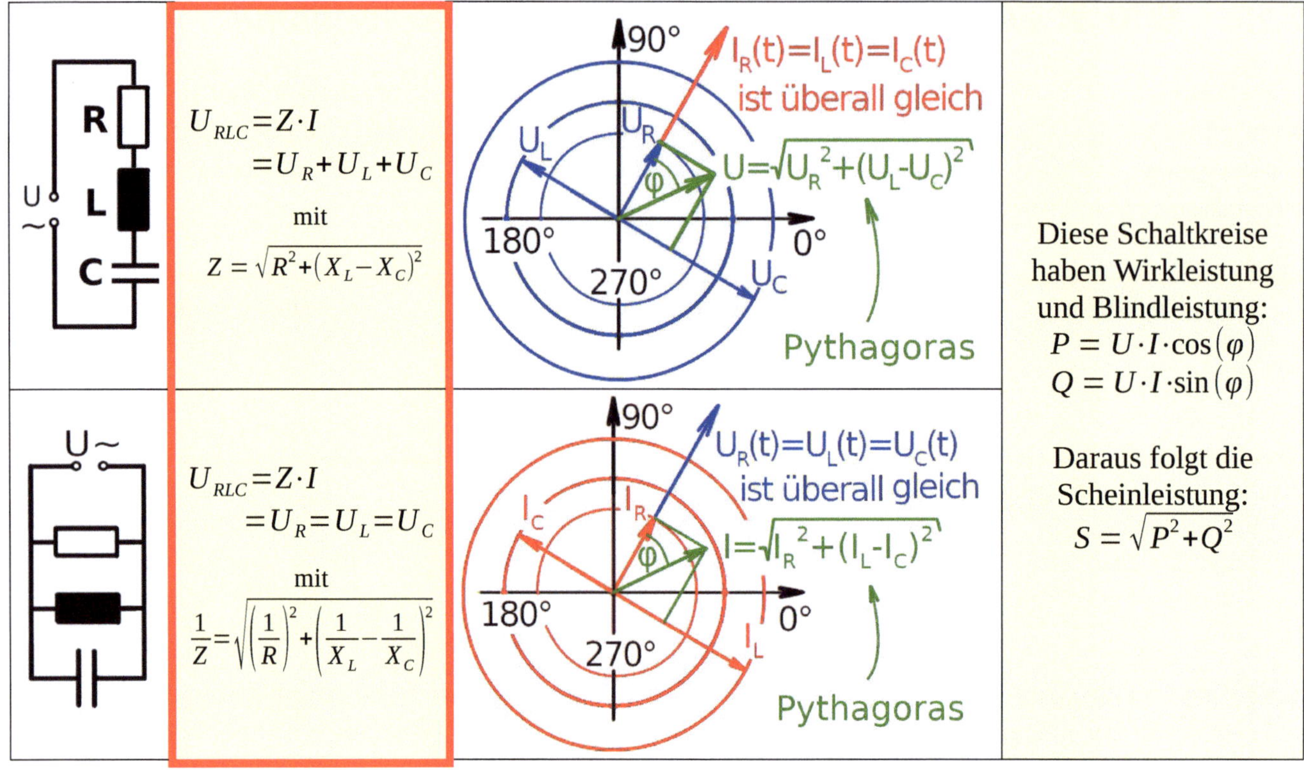

- **Definition des Vorzeichens der Phasenverschiebung Δφ:** Beim Kondensator ist die Phasenverschiebung negativ, die Spannung ist hinter dem Strom. Bei der Spule ist die Phasenverschiebung positiv, die Spannung ist vor dem Strom. <u>Hintergrund:</u> Diese Definition kommt daher, dass man die Phasenverschiebung Δφ beim Strom I(t) einträgt: $U(t)=U_0\cdot e^{i(\omega t)}$ $I(t)=I_0\cdot e^{i(\omega t+\phi)}$. Bei negativem Δφ eilt der Strom voraus.

- **Definition der Blindleistung:** Die Blindleistung ist eine Leistung, die temporär an Spule oder Kondensator abgegeben wird, aber bei der nächsten Halbwelle wieder entnommen wird. Grund: Die Spule kann Energie im Magnetfeld zwischenspeichern. Der Kondensator kann Energie im elektrischen Feld zwischenspeichern.

- **Nachteil der Blindleistung:** Die Blindleistung führt zu nutzlosen Strömen in den Leitungen. Das erfordert teure, dickere Leitungen und es erhöht die Verluste in den Leitungen. Eine Hochspannungsleitung sollte keine nutzlose Blindleistung übertragen müssen.

- **Bekämpfung der Blindleistung:** Eine der häufigsten Methoden zur Blindleistungskompensation ist die Verwendung von Kondensatorbänken. Diese Kondensatoren erzeugen eine Blindleistung mit entgegengesetztem Vorzeichen zur induktiven Blindleistung, die z.B. von Motoren oder Transformatoren erzeugt wird. Auch leistungselektronische Kompensationsgeräte können helfen. Beispielsweise kann die Leistungselektronik von Wechselrichtern in großen Solarparks verwendet werden, um die Blindleistung zu reduzieren. Damit kann ein Solarpark nachts Geld verdienen, wenn er sonst eh nur Langeweile hätte.

7.3 Dreiphasen-Wechselstrom

7.3.1 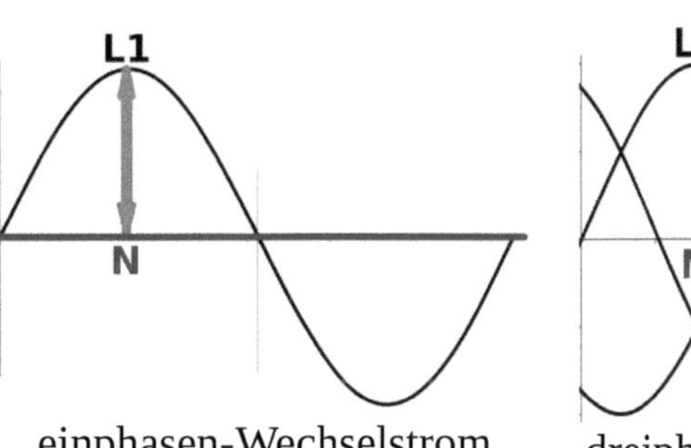 Drehstrom = Dreiphasen-Wechselstrom

single-phase alternating current	einphasen Wechselstrom	phase	die Phase (L1, L2, L3)
three-phase (alternating) current	dreiphasen Wechselstrom	neutral conductor	der Nullleiter N
	= Drehstrom	potential equalisation PE	die Erdung PE

Beim einphasen-Wechselstrom wird die Spanung zwischen dem Nulleiter und einer Phase abgegriffen. Beim dreiphasen-Wechselstrom wird die Spannung zwischen den drei Phasen abgegriffen (s. Sternschaltung und Dreiecksschaltung, Kapitel 7.3.3). Der Dreiphasen-Wechselstrom wird auch als Drehstrom bezeichnet. Die einzelnen Phasen sind jeweils um 120° zueinander verschoben.

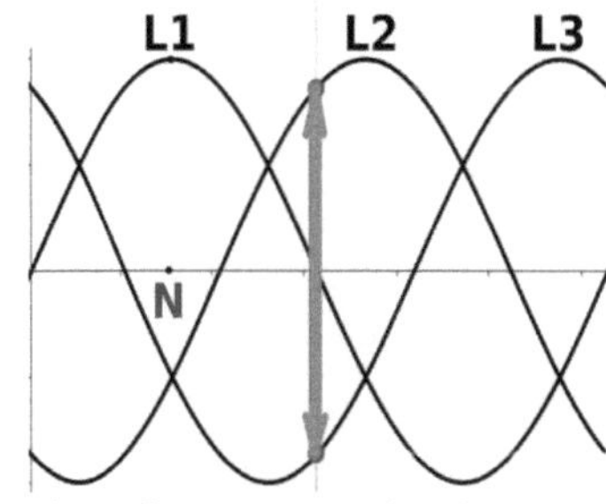

einphasen-Wechselstrom

dreiphasen-Wechselstrom

Gegenüber dem Einphasen-Wechselstrom hat der Drehstrom mehrere Vorteile:

- Der Materialaufwand wird reduziert: Beim Wechselstrom hat man eine Phase, an der die Spannung liegt (sinusförmig) und einen Nullleiter, der irgendwo geerdet ist. Dazwischen greift man die Spannung ab. Beim Drehstrom wird auf den Nullleiter verzichtet → weniger Material. Die Spannung wird zwischen den Phasen abgegriffen.

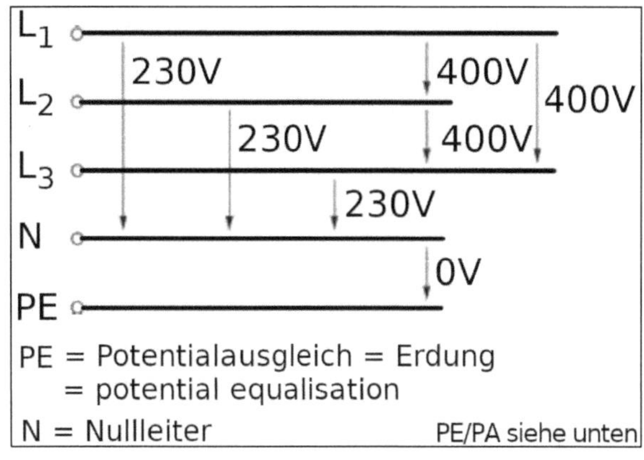

- Motoren mit Drehstrom, die mit den drei Phasen L_1, L_2 und L_3 gespeist werden, sind deutlich leistungsstärker, als einfache Wechselstrommotoren, die nur eine der drei Phasen und den Nullleiter N verwenden.

- Dreiphasen-Wechselstrom-Transformatoren sind kompakter (kleinerer Kern) und somit wirtschaftlicher. Ähnliches gilt für Drehstromgeneratoren.

Dreiphasen-Wechselstrom in einer Hochspannungsleitung.

Die Spannung erkennt man an der Zahl der Isolatoren:

110 kV = ein Isolator
220 kV = zwei Isolatoren
380 kV = drei Isolatoren.

- **Nullleiter = Erdung?** Sowohl Nullleiter N (zuhause in der Steckdose das blaue Kabel), als auch Erdung PE (in der Steckdose das grüngelbe Kabel) sind geerdet. Der Unterschied ist, dass im Nullleiter Strom fließt und im Erdungskabel nicht. Strom in der Erdung löst den FI-Schutzschalter (failure interrupt) aus. Der kontrolliert, ob durch die Phase (L1 oder L2 oder L3) genau so viel Strom hin fließt, wie durch den Nullleiter zurückfließt. Geht Strom verloren (z.B. Föhn in der Badewanne), dann schaltet er ab.

Hinweis für Heimwerker (PE / PA): In Deutschland wird das grüngelbe Erdungskabel der Stromleitung mit der englischen Abkürzung PE = potential equalisation = Potentialausgleich bezeichnet. Das Erdungskabel für Wasserleitungen wird dagegen traditionell mit der deutschen Abkürzung PA = Potentialausgleich bezeichnet.

7.3.2   🎓🎓🎓 Wirkleistung beim Drehstrom

active power	die Wirkleistung P	↔	ohmic resistance	der ohmsche Widerstand R
reactive power	die Blindleistung Q	↔	reactance	der Blindwiderstand X_L - X_C
apparent power	die Scheinleistung S	↔	impedance	der Scheinwiderstand = Impedanz Z
single-phase alternating current	einphasen Wechselstrom		phase	die Phase L1, L2, L3
three-phase (alternating) current	dreiphasen Wechselstrom = Drehstrom		neutral conductor	der Nullleiter N

	einphasiger Wechselstrom Siehe auch Kapitel 7.2.4	**dreiphasiger Wechselstrom** (=Drehstrom)
(nutzbare) Wirkleistung P	$P_{Wirk} =$ $P = U \cdot I \cdot \cos(\varphi)$	$P_{Wirk} =$ $P = U \cdot I \cdot \sqrt{3} \cdot \cos(\varphi)$
(nutzlose) Blindleistung Q	$P_{Blind} =$ $Q = U \cdot I \cdot \sin(\varphi)$	$P_{Blind} =$ $Q = U \cdot I \cdot \sqrt{3} \cdot \sin(\varphi)$
Scheinleistung S $S^2 = P^2 + Q^2$	$P_{Schein} =$ $S = U \cdot I$	$P_{Schein} =$ $S = U \cdot I \cdot \sqrt{3}$
	Einphasiger Wechselstrom verwendet die Spannung zwischen Nullleiter und einer Phase.	Dreiphasiger Wechselstrom verwendet die Spannung zwischen den Phasen.

Die Spannung zwischen zwei Phasen ist $\sqrt{3}$ mal so groß, wie die Spannung zwischen Nullleiter und einer Phase.

star connection	die Sternschaltung	relay	das Relais (s. Kapitel 5.5 Nr. 8)
delta-connection	die Dreiecksschaltung	contactor	das Schütz (=sehr großes Relais)
three phase motor	der Drehstrommotor	RMS voltage U_{RMS}	die Effektivspannung U_{eff} (Kapitel 7.2.1)

Es gibt zwei verschiedene Möglichkeiten, um beim Drehstrom die Spannung (zwischen den drei Phasen L_1, L_2 und L_3) abzugreifen: Die Sternschaltung oder die Dreiecksschaltung. Die beiden Abbildungen unten zeigen als Beispiel einen Drehstrommotor mit drei Spulen. Alternativ könnte man sich z.B. auch eine Herdplatte mit drei ohmschen Widerständen vorstellen.

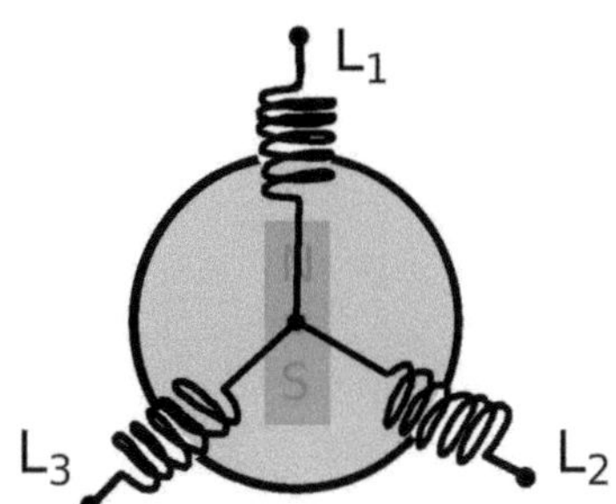

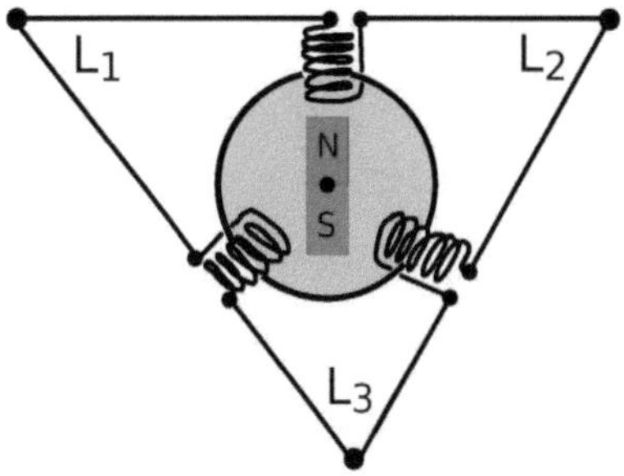

Sternschaltung (230V): In der Mitte (Sternpunkt) neutralisieren sich die drei Phasen. Hier sind es also, wie beim Nulleiter, null Volt.

Die Effektivspannung zwischen Phase und Nullleiter (Mitte) beträgt im europäischen Stromnetz 230V.

Vorteil: Niedrige Spannung für Haushaltsgeräte oder zum Starten großer Motore.

Dreieckschaltung (400V): Die Spulen werden jeweils zwischen zwei Phasen geschaltet.

Die Effektivspannung zwischen den Phasen beträgt im europäischen Stromnetz jeweils 400V.

Vorteil: Hohe Spannung z.B. für Motore mit großer Leistung.

Stern-Dreieck Schaltung: Schwere Maschinen in der Industrie haben enorme Anlaufströme, die die Stabilität des Stromnetzes belasten. Um eine Überlastung des öffentlichen Netzes zu verhindern, starten große Motore erst in der Sternschaltung (230 V) und werden dann mit einem Schütz (= großes Relais, s. Kapitel 5.5 Nr. 8) auf die Dreieckschaltung (400 V) umgeschaltet.

7.4 Aufgaben

1. **Die Spule im Stromkreis:** Die Abbildung zeigt eine Spule (L = 0,5 H) und zwei Widerstände (R_1 = R_2 = 200 Ω) im Stromkreis.

   An der Spannungsquelle liegt eine Gleichspannung U=24V.

   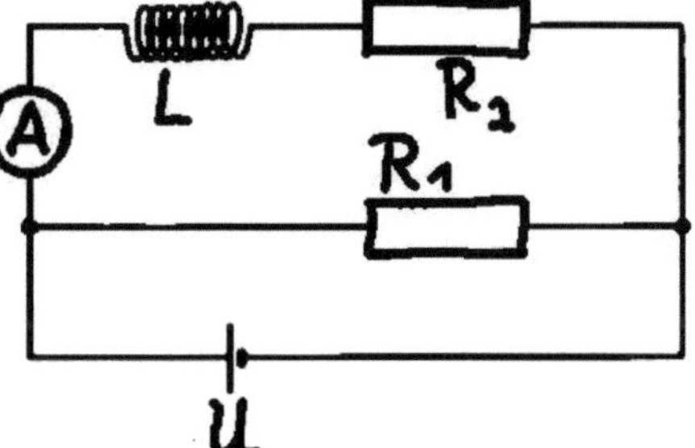

   a) Welcher Strom wird im Amperemeter gemessen?

   b) Die Spannungsquelle wird ausgeschaltet. Begründen Sie, warum der gemessene Strom nicht sofort auf null fällt.

   An der Spannungsquelle liegt jetzt eine Wechselspannung 24V, 50Hz.

   c) Welcher Strom wird jetzt am Amperemeter gemessen?

2. **Spule mit Innenwiderstand im Wechselstromkreis:** Zur Bestimmung der Induktivität einer Spule wird Diese zunächst an eine Gleichspannung U =12 V angeschlossen. Der Strom beträgt I =6 A. Anschließend wird eine Wechselspannung verwendet (U =12 V, f =1000 Hz). Der Strom beträgt jetzt nur noch 2 A. Wie groß ist die Induktivität der Spule?

   Hinweis: Gehen Sie davon aus, dass jede Spule nicht nur ihren induktiven Widerstand hat, sondern dass zusätzlich der lange Draht in den Windungen auch einen ohmschen Widerstand (Innenwiderstand) hat. Das Ersatzschaltbild zeigt beide Widerstände in Reihe.

3. **Kondensatoren im Wechselstromkreis:** Zwei parallele Kondensatoren sind mit einem Widerstand in Reihe geschaltet.

   a) Kondensator 1 hat eine Plattenfläche von A =2cm². Zwischen den Platten befindet sich eine Folie (d =10μm, ε_r =4). Kondensator 2 hat bei gleicher Bauart die doppelte Plattenfläche.

   b) Berechnen Sie die Gesamtkapazität der beiden Kondensatoren.

   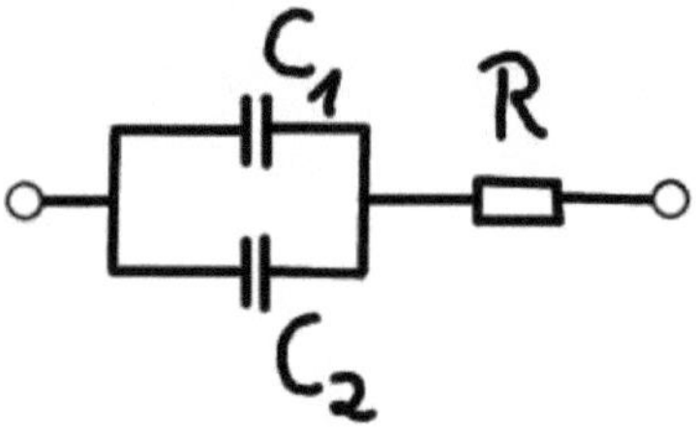

   c) Der Widerstand in der Schaltung rechts hat eine Größe von 30 kΩ. Berechnen Sie die Impedanz der Schaltung bei einer Frequenz von 500 Hz. Welcher Strom fließt, wenn 24 V angelegt werden?

4. **Impedanz - Kondensator und Spule im Wechselstromkreis:** Ein Kondensator (C =20 μF), eine Spule (L =5 H) und ein Widerstand (R =20 Ω) werden in Reihe geschaltet und an eine Spannung U_{eff}=60 V, 20 Hz angeschlossen.

   a) Berechnen Sie die Impedanz.

   b) Wie groß ist der fließende Strom I und wie groß sind die Effektivspannungen über Kondensator, Spule und Widerstand?

5. **Phasenverschiebung:** Die Abbildungen zeigen die Phasenverschiebung einer Induktivität und einer Kapazität.

Bild 1

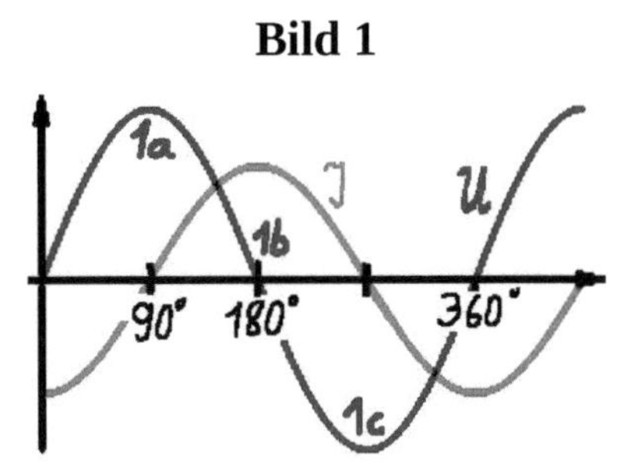

Bild 2

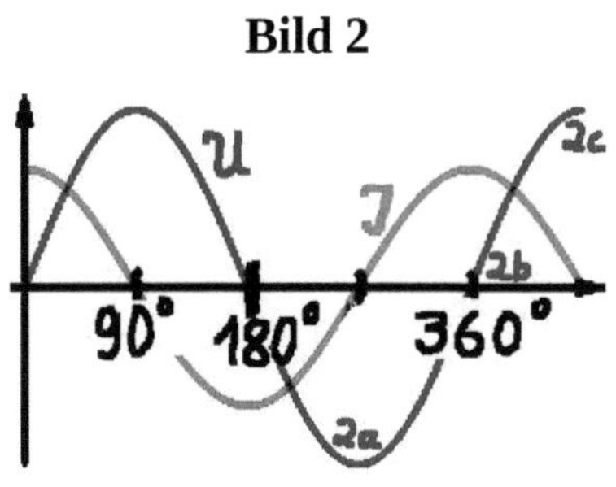

   a) Ordnen Sie die Phasenverschiebungen jeweils dem richtigen Bauteil zu.

   b) Erklären Sie das Zustandekommen der Phasenverschiebung beim Kondensator und bei der Spule.

6. **Zeigerdiagramm:** Wiederum sind ein Kondensator ($C = 20\ \mu F$), eine Spule ($L = 1{,}5\ H$) und ein Widerstand ($R = 200\ \Omega$) in Reihe geschaltet.

   Es fließt ein Effektivstrom $I_{eff} = 200\ mA$ mit einer Frequenz von 50 Hz.

   a) Zeichnen Sie ein Zeigerdiagramm und tragen Sie alle Spannungen ein.

   b) Bestimmen Sie die Gesamtspannung.

7. **Zeigerdiagramm:** Lösen Sie die vorherige Aufgabe für $I_{eff} = 200\ mA$, $f = 1500\ Hz$, $C = 20\ \mu F$), eine Spule ($L = 5\ mH$) und ein Widerstand ($R = 20\ \Omega$).

8 Elektrische Schwingungen

8.1 🎓🎓 Der elektrische Schwingkreis

spring mass system	das Federpendel	simple pendulum	das mathematische Pendel
spring pendulum	"chaotisch in zwei Dimensionen..	= ideal pendulum	= das ideale Pendel
= elastic pendulum	..schwingendes Federpendel"	= string pendulum	= das Fadenpendel
tension energy	die Spannenergie	physical pendulum	das physikalische Pendel
kinetic energy	die kinetische Energie	= compound pendulum	= reales Pendel
	= Bewegungsenergie	= inertia pendulum	= das Trägheitspendel
electric field energy	die elektrische Feldenergie	resonant circuit	der Schwingkreis
magnetic field energy	die magnetische Feldenergie	= LC resonator	

Eine Schwingung entsteht, wenn <u>zwei verschiedene Energiespeicher</u> abwechselnd Energie aufnehmen und an den jeweils anderen Speicher wieder abgeben. Wir vergleichen den elektrischen Schwingkreis mit dem mechanischen Federpendel:

	Federpendel	**Schwingkreis**
Energieformen:	Spannenergie $\quad W_{spann} = \dfrac{1}{2}\cdot D\cdot s^2$ kinetische Energie $W_{kin} = \dfrac{1}{2}\cdot m\cdot v^2$	elektrische Feldenergie $\quad W_{el} = \dfrac{1}{2}\cdot C\cdot U^2$ magnetische Feldenergie $W_{magn} = \dfrac{1}{2}\cdot L\cdot I^2$
	Die Energie wechselt zwischen Spannenergie und Bewegungsenergie.	Die Energie wechselt zwischen Feldenergie (Spannung) und magnetischer Energie.
Periodendauer:	$T = 2\cdot\pi\sqrt{\dfrac{m}{D}}$	$T = 2\cdot\pi\sqrt{L\cdot C}$
Winkelgeschwindigkeit	$\omega = \dfrac{2\cdot\pi}{T} = \sqrt{\dfrac{D}{m}}$	$\omega = \dfrac{2\cdot\pi}{T} = \dfrac{1}{\sqrt{L\cdot C}}$

D = Federkonstante	m = Masse	C = Kapazität	L = Induktivität	T = Periodendauer
s = Federweg	v = Geschwindigkeit	U = Spannung	I = Strom	

■ **Herleitung der Formeln für die Periodendauer:**

Die Formeln werden mit Hilfe von Differentialgleichungen hergeleitet. In der Schule reicht es aus, die Allgemeingültigkeit der Formeln mit Hilfe von Experimenten zu überprüfen.

Schwingkreis: Die Maschenregel ($\sum U_i = 0$) führt zu einer Gleichung mit $U_C = Q/C$ und $U_L = L \cdot \dot{I}(t) = L \cdot \ddot{Q}(t)$. Die Differentialgleichung wird für Q(t) gelöst unter der Annahme einer Sinusfunktion als Lösung. Die Rechnung ergibt, dass die Sinusfunktion eine gültige Lösung darstellt unter der Bedingung, dass gilt: $\omega = 1/\sqrt{(L \cdot C)}$.

Federpendel: Die Kräftesumme nach Newton, (1. Axiom: $\sum F_i = 0$) führt zu einer Gleichung mit $F = m \cdot a = m \cdot \dot{v} = m \cdot \ddot{s}(t)$ und $F = D \cdot s(t)$. Die Differentialgleichung wird für s(t) gelöst unter der Annahme einer Sinusfunktion als Lösung. Die Rechnung ergibt, dass die Sinusfunktion eine gültige Lösung darstellt unter der Bedingung, dass gilt: $\omega = \sqrt{(D/m)}$. (→ s. auch Physik in leicht, Band 6: Mathematik in physikalischen Anwendungen).

■ **Resonanz im Schwingkreis**

Wird eine Schwingung mit ihrer eigenen Frequenz angeregt, so tritt Resonanz auf. Beispiele:

- Eine Brücke schwingt in der Frequenz, mit der Soldaten marschieren.
- Ein Kind auf einer Schaukel wird in der Frequenz angestoßen, mit der es schaukelt.
- Ein elektrischer Schwingkreis wird über die Spule (Transformator) mit einer Wechselspannung gleicher Frequenz gekoppelt.

Ist ein schwingendes System ungedämpft, so wird es im Fall einer Resonanz mit jeder Schwingung weitere Energie aufgenommen, die irgendwann zur Zerstörung des Systems führt: Das System schaukelt sich auf. Ist ein schwingendes System gedämpft, so kann eine Resonanzanregung den Dämpfungsverlust gerade ausgleichen. Beispiel: Schwingkreis im Radiosender. (Damit werden die hohen Frequenzen erzeugt, die benötigt werden, damit Strom ohne Leiter fließen kann. Nikola Tesla, 1856-1943 versuchte seinerzeit, Hochspannungsmasten durch Schwingkreise zu ersetzen, was aber am schlechten Wirkungsgrad scheiterte).

AUFGABEN

1. **Schwingkreis:** Eine Spule (L=4 H) und ein Kondensator (C=80µF) sind zu einem Schwingkreis verschaltet. Die Schwingung wird als ungedämpft angenommen. Zu Beobachtungsbeginn ist der Kondensator mit einer Spannung von U_0=60V geladen.
   a) Fertigen Sie eine Skizze des Schwingkreises an.
   b) Wie groß sind Periodendauer, Frequenz und Winkelgeschwindigkeit der Schwingung?
   c) Nach welcher Zeit ist die Spannung erstmals wieder maximal? Wie groß ist dann die Ladung im Kondensator?
   d) Nach welcher Zeit ist die Stromstärke erstmals maximal? Wie groß ist sie dann?
   e) Skizzieren Sie Spannung, Ladung und Stromstärke als Funktion der Zeit. Tragen Sie die Maximalwerte und die Zeitpunkte T/4, T/2 und T ein.
   f) Skizzieren Sie den Spannungsverlauf einer gedämpften Schwingung.

2. **Schwingkreis:** Im Schwingkreis aus Aufgabe 1 werden jetzt zwei der Kondensatoren in Reihe geschaltet. Zu Beobachtungsbeginn fließt ein Strom von 0,2 A. Die Spannung beträgt 0V.
   a) Berechnen Sie die erforderliche Induktivität, damit sich die Frequenz des Schwingkreises nicht ändert.
   b) Wie viel Energie befindet sich im System, wenn die in a) berechnete, neue Spule verwendet wurde?

8.2 🎓🎓 Der Hertzsche Dipol und das Radio

resonant circuit, LC circuit	der Schwingkreis	resonant frequency	die Resonanzfrequenz
dipole	der Dipol	spring mass system	das Federpendel
(= antenna)	(= die Antenne)	tension energy	die Spannenergie

■ **Vom Schwingkreis zum Dipol (Antenne)**

Der Hertzsche Dipol ist eine Antenne bzw. ein Metallstab, der wie ein Schwingkreis funktioniert. Jedoch hat er eine extrem kleine Induktivität und eine extrem kleine Kapazität und damit eine sehr hohe Frequenz. Hochfrequenter Strom kann sich ohne Leiter fortpflanzen (elektromagnetische Welle).

Schwingkreis → → → **Hertzscher Dipol (= Antenne)**

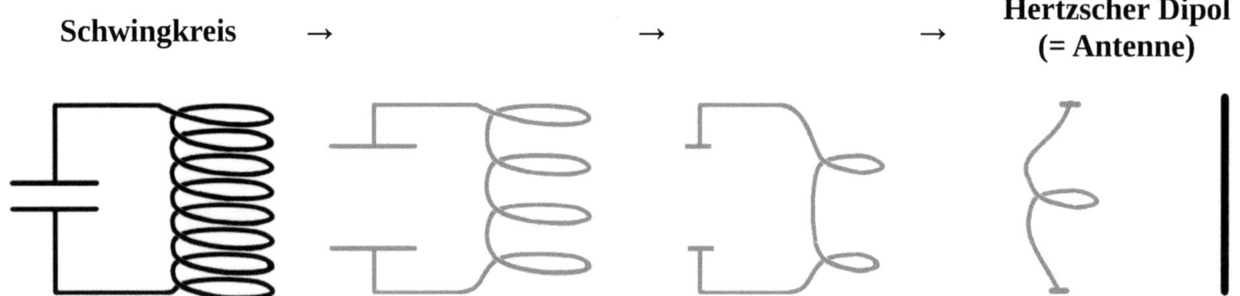

■ **Pendel, Dipol und Schwingkreis im Vergleich**

	$t = 0$	$t = \dfrac{T}{4}$	$t = \dfrac{T}{2}$	$t = \dfrac{3}{4}\cdot T$
Federpendel	$W_{spann} = \dfrac{1}{2}\cdot D\cdot s^2$	$W_{kin} = \dfrac{1}{2}\cdot m\cdot v^2$	$W_{spann} = \dfrac{1}{2}\cdot D\cdot s^2$	$W_{kin} = \dfrac{1}{2}\cdot m\cdot v^2$
Elektrischer Schwingkreis	$W_{el} = \dfrac{1}{2}\cdot C\cdot U^2$	$W_{magn} = \dfrac{1}{2}\cdot L\cdot I^2$	$W_{el} = \dfrac{1}{2}\cdot C\cdot U^2$	$W_{magn} = \dfrac{1}{2}\cdot L\cdot I^2$
Hertzscher Dipol	W_{el}	W_{magn}	W_{el}	W_{magn}

- **Die Funktion einer Antenne**

<u>Senden:</u> Der Wechselstrom in der Antenne erzeugt ein elektromagnetisches Feld, das sich als Welle von der Antenne ausbreitet. Nur Ströme mit extrem hohen Frequenzen können sich in Luft oder Vakuum ausbreiten. Gleichstrom oder Wechselstrom mit niedriger Frequenz kann nur durch einen elektrischen Leiter fließen. Je höher die Frequenz, desto mehr fließt der Strom außen am Körper entlang.

Der Physiker Nikola Tesla (1856-1943) wollte damals solch hohe Frequenzen nutzen, um Energie weltweit kabellos zur Verfügung zu stellen. Jedoch scheiterte er am geringen Wirkungsgrad der Energieübertragung.

<u>Empfangen:</u> Die elektromagnetische Welle erzeugt in der Antenne einen Wechselstrom. Eine Antenne ist besonders effizient, wenn ihre physische Länge mit der Wellenlänge der zu sendenden oder empfangenden Signale übereinstimmt. Dies wird als Resonanzfrequenz bezeichnet.

<u>Signalübertragung beim Radio (AM und FM):</u> Die mechanische Schwingung unserer Sprache kann mit einem Mikrofon in elektrische Schwingungen umgewandelt werden. Jedoch ist die Frequenz zu niedrig für eine Übertragung per Antenne. Daher wird ein hochfrequentes Trägersignal in seiner Amplitude so geformt, wie unser Sprachsignal. Auf dem Radio steht dann AM = Amplituden-Modulation. Alternativ kann auch die Frequenz so verändert werden, wie das Sprachsignal es vorgibt. Dann steht auf dem Radio FM = Frequenz-Modulation. Im Radio werden Trägerfrequenz und Sprachfrequenz mit Frequenzfiltern wieder getrennt, siehe Hochpass und Tiefpass, Kapitel 8.3.

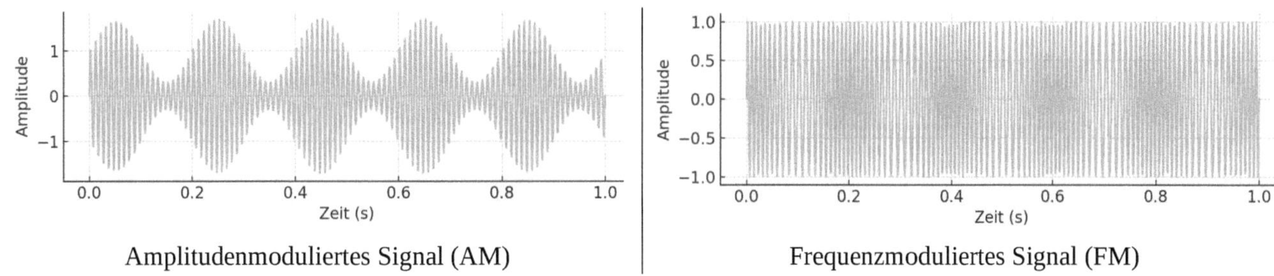

<table>
<tr><td>Amplitudenmoduliertes Signal (AM)</td><td>Frequenzmoduliertes Signal (FM)</td></tr>
</table>

<u>Signalübertragung digital:</u> Im Computer wird nicht der komplette Verlauf einer Schallwelle gespeichert. Vielmehr wird, je nach Abtastfrequenz, alle paar Millisekunden die momentane Auslenkung gemessen und gespeichert. Das kann bei der späteren Rekonstruktion der Sprache zu Fehlern führen (aliasing). Deshalb muss man im PC als Abtastrate mindestens das Doppelte der größten vorkommenden Frequenz wählen. Musik geht bis ca. 20 kHz, also Abtastrate mindestens 40 kHz. Für weitere Informationen suchen Sie im Internet nach „Anti-Aliasing-Tiefpass".

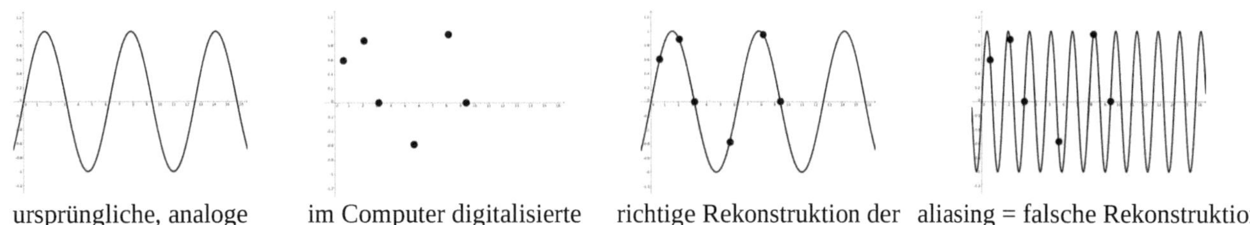

| ursprüngliche, analoge Schallwelle am Mikrofon | im Computer digitalisierte Schallwelle | richtige Rekonstruktion der Welle in der Soundkarte des Computers | aliasing = falsche Rekonstruktion der Welle (kann mit Tiefpass verhindert werden) |

8.3 Hochpass und Tiefpass

high pass	der Hochpass	filter	der Filter (auch das Filter)
low pass	der Tiefpass		

Wer eine Musikbox selbst baut, der möchte, dass an den Bass nur die tiefen Frequenzen geleitet werden. Der Hochtöner kann dafür die hohen Frequenzen besonders sauber wiedergeben. Im Radio muss die Sprachfrequenz von der Trägerfrequenz getrennt werden. In Leitungen können auf unterschiedlichsten Frequenzen gleichzeitig diverse Signale gesendet werden, die der Empfänger auseinandersortieren muss. Dazu dienen Filter.

	Filter mit Kondensator $$R_C = \frac{1}{\omega \cdot C}$$ → Der Kondensator sperrt tiefe Frequenzen	**Filter mit Spule** $$R_L = \omega \cdot L$$ → Die Spule sperrt hohe Frequenzen	**Filter mit Spule und Kondensator**
Tiefpass	RC Tiefpass	RL Tiefpass	RLC Tiefpass
Hochpass	RC Hochpass	RL Hochpass	RLC Hochpass

8.4 Aufgaben

1. Gegeben ist eine 150 mm lange, zylinderförmige Spule. Sie hat 3000 Windungen und einen Durchmesser von 30 mm.

   a) Wie groß ist die Induktivität der Spule?

   b) Berechnen Sie die Flussdichte B und den magnatischen Fluss bei einer konstanten Stromstärke von 150 mA. Findet in diesem Fall eine Selbstinduktion statt?

   c) Ab jetzt gilt die Stromstärke $I(t) = 150$ mA $*$ sin (omega $*$ t). Der Strom schwingt mit einer Frequenz von 50 Hz. Berechnen Sie die induzierte Spannung $U_{ind}(t)$.

   d) Wie groß ist die Effektivspannung Ueff(t)?

   e) Wie groß ist der induktive Widerstand der Spule bei einer Frequenz von 500 Hz (Angabe in Ohm)?

   f) Die Spule wird jetzt mit einem Kondensator zu einem Schwingkreis verbunden. Berechnen Sie die erforderliche Kapazität des Kondenators, damit der Schwingkreis eine Frequenz von 500 Hz hat.

9 Formelsammlung

Eine aktuelle Formelsammlung zu den Büchern der Reihe "Physik in leicht" finden Sie im Internet unter http://badelt.de/downloads/. Unter dem Link finden Sie auch alle Lösungen zu meinen Büchern.